JUILLET 1927

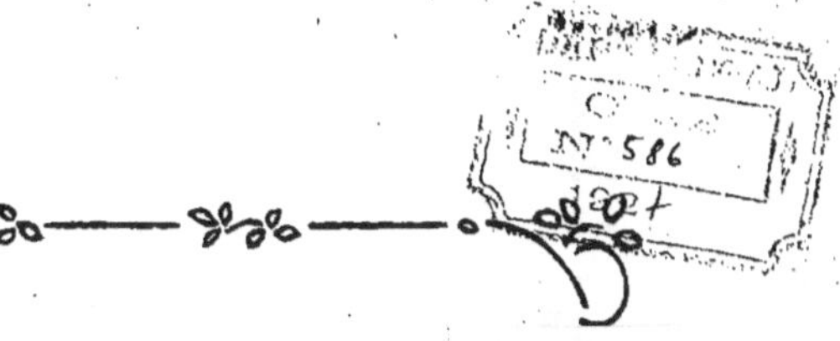

LA FERME DE BOUTENCOURT

DANS LE PAYS DE THELLE

(Oise)

Raymond GIZARD

THÈSE AGRICOLE

LA FERME DE BOUTENCOURT

DANS LE PAYS DE THELLE (OISE)

THÈSE AGRICOLE

soutenue en juillet 1927

À L'INSTITUT AGRICOLE DE BEAUVAIS

devant

MM. les Délégués de la Société des Agriculteurs de France

par

RAYMOND GIZARD

BEAUVAIS

IMPRIMERIE DEPARTEMENTALE DE L'OISE

26, rue de Malherbe, 26

1927

A MES CHERS PARENTS

INTRODUCTION

Devant nous livrer prochainement à l'agriculture et désireux de connaître ce qu'est pratiquement la conduite d'une ferme, il nous a semblé intéressant de consigner par écrit les nombreux renseignements que M. Charles Galmel, fermier de l'exploitation de Boutencourt a eu l'extrême amabilité de nous fournir à ce sujet.

Nous n'ignorons pas que malgré le soin apporté à ce travail, des erreurs dues à notre inexpérience ont pu s'y glisser. Nous ne sommes pas encore assez familiarisé avec la culture pour être à même de les éviter toutes.

Aussi demandons-nous aux éminents agriculteurs, qui nous feront l'honneur d'examiner cet essai, la plus grande bienveillance.

PROJET DE THESE

Dans le département de l'Oise, à 20 kilomètres de Chaumont et 25 de Beauvais, dans une région de fermes mixtes, M. Galmel exploite comme fermier un domaine de 182 hectares, situé sur la commune de Boutencourt.

Les terres se répartissent comme suit :

Terres labourables............ 132 ha.
Prairies .... 50 »

Les bâtiments de l'exploitation sont en bon état.

Les terres sont groupées autour de la ferme et peuvent être classées en trois catégories au point de vue de la fertilité. Deux gares : Labosse et Trie-Château sont distantes de 5 kilomètres de la ferme.

La sucrerie de Bresles en est très éloignée (45 kilomètres).

Comment combiner cultures et élevage pour tirer d'une telle ferme le meilleur parti possible ?

Nous espérons rehausser l'intérêt de ce travail en étudiant particulièrement l'ensilage des pulpes, le mode de fanage de la luzerne, la culture du lin et la restitution aux terres.

CHAPITRE PREMIER

GÉNÉRALITÉS

———

La ferme que nous allons étudier appartient à M. Léon Galmel, qui l'a louée à son fils, M. Charles Galmel, maire de Boutencourt et conseiller général.

Le village de Boutencourt (203 habitants) fait partie du canton de Chaumont (1.557 habitants) et de l'arrondissement de Beauvais.

Les centres importants les plus rapprochés sont :

La Bosse, à 5 kilomètres ;

Gisors, à 8 kilomètres.

Les voies de communications desservant la ferme sont :

La route nationale n° 181, de Gisors à Beauvais, qui passe à 1 kilomètre de la ferme.

Le chemin de grande communication n° 66, qui passe devant la porte.

Au point de vue des communications ferroviaires, la ferme dispose de deux gares situées l'une et l'autre à 5 kilomètres :

Gare de La Bosse, sur la ligne de **Beauvais à Gisors** ;

Gare de Trie-Château, à la jonction des réseaux de l'Etat et du Nord, sur les lignes : Paris-Dieppe, Gisors-Vernon et Gisors-Beauvais.

On ne se sert pas indifféremment de l'une ou de l'autre gare. En effet, celle de La Bosse se trouve à une altitude supérieure à la ferme, tandis que celle de Trie-Château se trouve à une altitude inférieure.

Pour faciliter les charrois, les voyages à pleine charge se font vers Trie-Château, où ont lieu les livraisons, et on réceptionne les marchandises à La Bosse.

Pour les betteraves et pulpes, M. Galmel peut disposer d'un quai particulier.

L'Aunette, affluent de l'Epte, traverse les terres de la ferme et actionne une turbine qui fournit l'électricité.

Valeur vénale et locative des terres

M. Galmel loue ses terres à raison de deux quintaux de blé à l'hectare. Mais, dans la région, les baux sont en général de trois et même quatre quintaux. Avant la guerre, la valeur locative ne dépassait jamais deux quintaux à l'hectare, ce qui représentait, à raison de 25 francs le quintal, une somme de 50 francs. Pour les prairies, la valeur locative atteint 5 quintaux.

Ces prix immodérés sont dus pour une bonne part à l'immigration de nombreux cultivateurs belges qui, seuls, peuvent retirer un bénéfice important en louant à un tel prix. Cela s'explique par leur méthode de travail : ils ont généralement une famille nombreuse, souvent sept ou huit enfants. Tous travaillent beaucoup ; ils ne prennent aucun repos, ne connaissent ni dimanche, ni fête, vivent avec avarice et habitent des taudis. Ainsi, ils ne font aucune dépense de main-d'œuvre, ont un train de vie extrêmement réduit et réalisent rapidement d'importantes fortunes. En outre, souvent, ils usent les terres qu'ils ont en location par des cultures intensives et épuisantes, sans appliquer les lois de la restitution. Aussi, même en recevant des prix de fermage importants, les propriétaires n'ont pas toujours avantage à confier leurs terres à des Belges.

CHAPITRE II

Géologie de la Région de Boutencourt

Boutencourt est situé au nord-ouest du pays de Thelle, sur la vallée de l'Aunette.

Le pays de Thelle, formant la partie sud-ouest du département, est limité, au sud, par la vallée de l'Oise, de Précy-sur-Oise à Persan-Beaumont, et par la vallée de l'Esches, de Persan à Bornel, et celle de la Troesne, d'Hénonville à Gisors ; de là la limite nord du département qui suit la vallée de l'Epte borne le pays de Thelle. Au nord et à l'est, cette limite est formée par la falaise sud-ouest du pays de Bray et par les hauteurs qui la prolongent de Noailles à Précy-sur-Oise.

La bordure sud-est du pays de Thelle forme une ligne de hauteurs se maintenant presque constamment autour de 220 à 230 mètres ; cette altitude diminue rapidement à mesure que l'on se dirige vers le sud. Les altitudes que l'on peut relever au sud-ouest dans les vallées de la Troësne et de l'Esches se maintiennent vers 90 à 100 mètres.

Le plateau de Thelle est ainsi incliné régulièrement dans une direction nord-sud, d'une façon très prononcée.

Le pays de Thelle n'est qu'une partie de la Picardie qui a été séparée de celle-ci par le soulèvement tertiaire du pays de Bray. Ce soulèvement fut un des facteurs de l'inclinaison remarquable du Thelle.

Le sous-sol est identique à celui de la plaine picarde et comprend ainsi :

La craie blanche très puissante recouverte évidemment d'argile à silex, lesquels affleurent surtout sur les pentes et les flancs des vallées assez profondes. Cette argile chimique est surmontée de limons des plateaux ne présentant généralement qu'une faible épaisseur toujours inférieure à celle que l'on rencontre couramment en Picardie. Cela tient simplement à la pente très accusée de la région que nous étudions. Ces limons sont de qualité inférieure à ceux de la Picardie à cause de leur épaisseur moindre et de leur composition caillouteuse.

Dans les vallées fortement entaillées dans le plateau calcaire, et dues à un ruissellement intense, de faibles rivières devenues parfois de simples ruisseaux, ont déposé des alluvions modernes ; parfois même, et c'est le cas pour la vallée de l'Aunette, on y trouve des alluvions anciennes, témoignant par leur présence d'une érosion vraiment importante.

Enfin des dépôts meubles forment souvent au fond des vallons des terrasses à soubassement d'argile à silex. Ces terrasses sont de bonnes terres à prairies, moins humides que les alluvions modernes, et se rapprochant plutôt des dépôts anciens par leur qualité supérieure.

Nous ne rencontrons pas encore de sables de Bracheux à Boutencourt. Cette assise n'apparaît

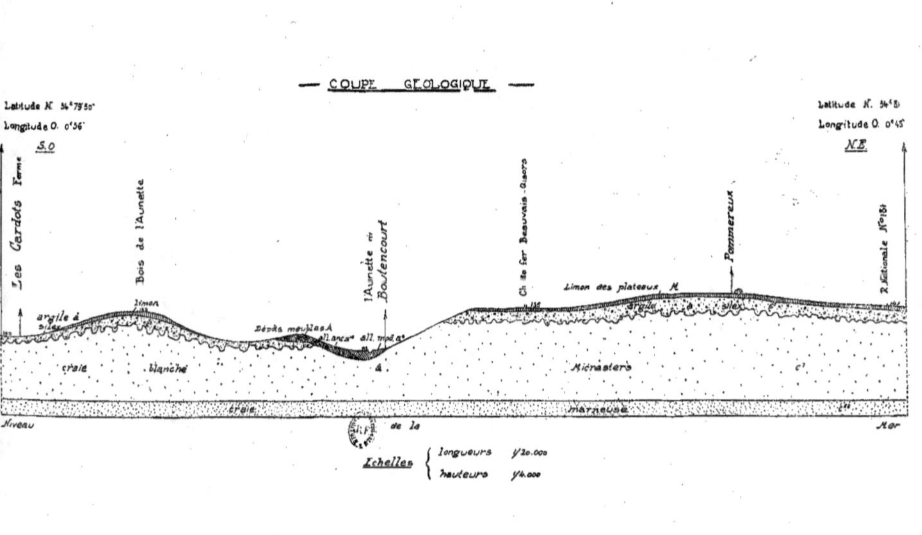
— COUPE GÉOLOGIQUE —
Latitude N. 34°78'50"
Longitude O. 0°56'
Latitude N. 34°8'
Longitude O. 0°45'
S.O
N.E
Les Cardots Ferme
Bois de l'Aunette
l'Aunette m Boutencourt
Ch de fer Beauvais-Gisors
Limon des plateaux M
Pommereux
R. Nationale N°184
argile à silex
limon
Dépôts meubles A
blancs all. mod a°
argile à silex
craie blanche
Micrasters
c³
craie marneuse
Niveau
de la
Mer
Échelles { longueurs 1/20.000
hauteurs 1/4.000

qu'au sud-ouest du pays de Thelle, à sa soudure avec le Vexin français. Là, dans les vallées de la Troesne et du ru de Méru, le ruissellement, beaucoup moins puissant par suite de la pente plus faible des terrains, n'a pas complètement déblayé les assises éocènes inférieures ; c'est pourquoi nous y voyons encore affleurer le thanétien.

Donnons maintenant une brève description de chacune des assises qui intéressent plus spécialement la ferme de Boutencourt.

Ce sont :

Eboulis et dépôts meubles........	A
Alluvions modernes..............	a^2
Alluvions anciennes.............	a^1a
Limons des plateaux.............	a^1b
Argile chimique.................	c
Craie à belemnitelles...........	c^8
Craie marneuse..................	c^6

1. — Eboulis et dépôts meubles

Formations quaternaires. Ils sont constitués de débris des plateaux couronnés de craie et de limons ainsi que d'argile chimique. Ce sont des produits de ruissellement qui ont été accumulés par les eaux sur les flancs les moins inclinés ainsi qu'au fond des vallées. Dans le Thelle, comme dans toute la région crayeuse, ils sont généralement de texture argilo-sableuse et sont parfois employés à la fabrication des briques à cause de leur teneur souvent très argileuse.

II. — Alluvions modernes

Ces dernières formations des cours d'eau, qui s'accroissent encore de nos jours, sont formées des éléments arrachés au lit des rivières et comprennent principalement des sables, graviers alternant avec des dépôts argileux. La tourbe ne se forme que dans les vallées à faible pente comme celle de l'Oise et de la Troësne. Cette assise, par suite de ses dépôts argileux, est souvent trop imperméable et donne alors des terres inondées et marécageuses.

III. — Alluvions anciennes

Ces dépôts appelés encore « sables et graviers anciens des vallées », comprennent à la base des cailloux roulés ou galets de fond, exploités pour les ballasts de chemin de fer lorsqu'ils sont assez importants (Milly, Rochy-Condé, Bailleul-sur-Thérain, Warluis). La partie supérieure est formée d'éléments plus fins, notamment de sables argileux et de graviers.

On rencontre dans ces alluvions des traces de grands mammifères du commencement de l'époque quaternaire : *hippopotamus amphibius* de Linné à Pont-Sainte-Maxence.

IV. — Limons des plateaux

Ou limons quaternaires. Ils sont argilo-sableux et souvent très fertiles sur les plateaux du Valois et du Vexin français. Au contraire, on les trouve plus maigres, plus calcaires sur les plateaux plus élevés du Thelle et de la Picardie. On rencontre souvent, dans ces deux dernières régions, un lit de silex brisés à angles à peine émoussés à la base de ces limons. C'est le bief à silex dont les produits servent à l'empierrement des routes.

L'origine des limons quaternaires est fort discutée. L'hypothèse généralement admise est que ce dépôt est la résultante de l'érosion très puissante qui entraîna presque complètement les assises éocènes qui s'étaient déposées sur la partie méridionale de la Picardie et, par conséquent, sur le pays de Thelle.

L'érosion ravina en effet toutes ces assises sableuses et peu résistantes ; les sables de Bracheux et de Guise, l'argile plastique et le calcaire grossier furent mélangés et déposés sur les hauteurs planes et horizontales, tandis qu'elles étaient enlevées sur les pentes. Cela expliquerait la profondeur moindre de cette couche dans le Thelle, région beaucoup plus inclinée que la plaine picarde.

Grâce à de sérieuses expériences, on a souvent constaté qu'une partie du limon des plateaux était nettement d'origine éolienne : partie supérieure.

Ceci nous amène à donner la composition habituelle du limon des plateaux ; trois couches plus ou moins nettement déterminées :

1° La partie supérieure ou terre à briques, ainsi appelée à cause de sa forte teneur en argile produite par l'action décalcifiante des eaux qui ont entraîné le calcaire en profondeur.

2° La partie médiane, ou ergeron, est formée d'un limon fin de couleur claire et contenant de très petits morceaux de silex. Ce faciès, ainsi que le précédent, sont d'origine généralement éolienne.

3° A la base, le rougeon ou diluvium des plateaux, se relie par transition insensible à l'argile à silex. Il contient des silex provenant de cette formation, mais remaniés et brisés ; ces silex sont souvent recouverts d'une patine blanche. C'est le bief à silex. Ce faciès, qui est toujours moins compact que l'argile chimique, est ordinairement d'origine diluvienne.

V. — **Argile chimique**

Ou argile à silex. Cette formation renferme des silex non roulés, non émoussés et recouverts d'un enduit brunâtre. Cette argile est très ferrugineuse. On distingue deux hypothèses sur son mode de formation : pour certains géologues, c'est une assise régulièrement stratifiée postérieurement à la craie blanche et s'intercalant entre le crétacé et l'éocène auquel on doit la rattacher. Pour d'autres, c'est au contraire une formation provenant de l'altération de la craie par les eaux de ruissellement et les agents atmosphériques : l'eau chargée de gaz carbonique aurait entraîné la craie en profondeur en laissant sur place un résidu formé de l'argile, de l'oxyde de fer et des silex contenus dans la craie. Par suite de cette dernière hypothèse, comme la craie a pu être mise à nu à des époques différentes et pendant des temps et durée variables, il est évident que l'argile à silex sera d'âge et d'épaisseur variable, ce que l'on constate justement. A cause de ce mode de formation qui est le plus vraisemblable, on a donné à l'argile à silex le nom d'argile chimique.

VI. — Craie blanche à micrasters

L'emschérien occupe la partie nord de la Picardie et du pays de Thelle. C'est une craie tendre et blanche contenant des silex à patine rosés servant à l'amendement des terres et parfois à la fabrication de l'acide carbonique dans les sucreries. On distingue deux sous-étages : le santonien, contenant *micraster coranguinum, echinocorys vulgaris*, variété *carinata*, et le coniacien, contenant *micraster cortestudinarium, terebratula semi-globosa*. Ce dernier est le plus inférieur. La distinction est d'ailleurs souvent difficile à faire et n'offre qu'un intérêt tout scientifique.

VII. — Craie marneuse

Le turonien est formé d'une craie blanche ou grisâtre. On y rencontre *micraster breviporus, terebratula gracilis, cidaris subvesiculosa* et *inoceramus labiatus*. Cet étage n'a pas une grande action sur le sol des environs de Boutencourt, par suite de la profondeur auquel il se trouve, mais il est intéressant par ce fait qu'il retient un plan d'eau important alimentant les puits de la région.

Remarquons maintenant que les terres de la ferme de M. Galmel se répartissent en trois caté-

gories, suivant les assises sur lesquelles elles
reposent :

Les terres de première catégorie comprennent
surtout les prairies situées sur les alluvions
modernes et les dépôts meubles en pente vers le
fond de la vallée de l'Aunette. Ces terres, suffisamment humides, mais sans excès, donnent de
riches pâturages produisant une herbe grasse et
fournie.

Les terres de deuxième qualité sont toutes
celles situées sur le plateau sur l'argile à silex
recouvert de limon. La faible épaisseur de
celui-ci explique la grande quantité de cailloux,
provenant de l'assise sous-jacente, qu'on y trouve.
C'est la principale raison qui fait que ces terres
sont de qualité un peu inférieure. Nettoyer le terrain de tous les silex qu'il contient serait un
travail long et difficile, par conséquent coûteux.
De plus, il faudrait une main-d'œuvre spécialisée,
afin de remettre le sol parfaitement dans sa super-
position primitive. Cette amélioration est donc
pour ainsi dire impossible.

Les pentes du plateau où affleurent la craie et
l'argile à silex donnent des terres de moins bonne
qualité : troisième catégorie. La couche arable y
est faible et les plantes ont beaucoup de mal à y
pousser.

Mais par suite de cette faible épaisseur et grâce
à la pente, on pourrait facilement creuser dans le
coteau une marnière qui produirait un amendement précieux pour les terres à limon qui souffrent beaucoup de la décalcification.

CHAPITRE III

BATIMENTS

Les bâtiments de la ferme sont de construction relativement peu ancienne et en excellent état. Ils entourent une vaste cour rectangulaire en pente assez accentuée. On accède à cette cour par deux portails opposés situés sur les deux petits côtés du rectangle. Le portail principal qui se trouve au haut de la cour, donne sur la route de La Bosse à Gisors. La seconde porte donne sur un chemin qui traverse la rivière et mène à un moulin.

Les bâtiments sont construits en briques et recouverts de tuiles.

Maison d'habitation

De construction peu ancienne, elle est fort bien placée ; elle occupe une partie du côté gauche de la ferme par rapport à la pente. Sa façade principale donne sur la cour, ce qui permet une surveillance étroite des entrées et sorties des ouvriers et des attelages.

Devant la maison, quelques massifs d'arbustes, lauriers-cerises et troènes, en égayent la façade.

FERME DE BOUTENCOURT

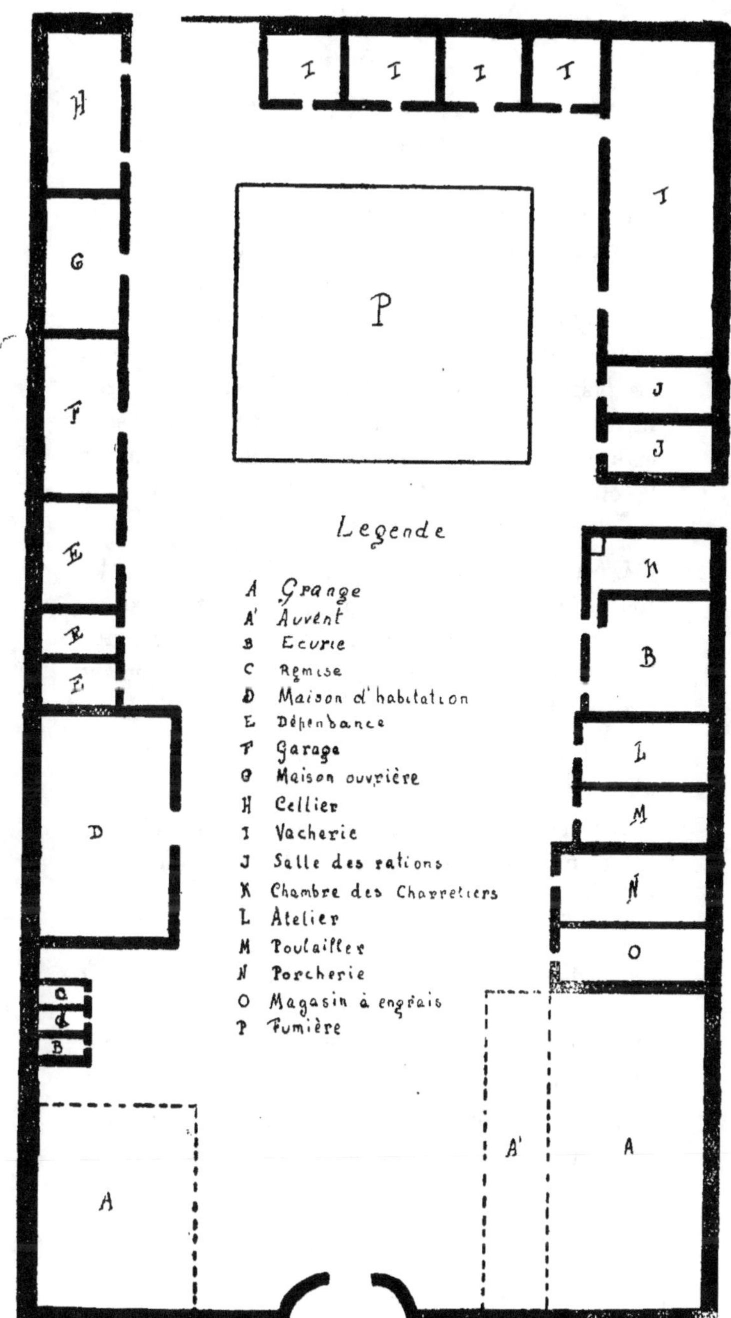

Ecurie

Construite en briques, elle est couverte en tuiles. Une porte roulante donnant sur la cour permet une sortie aisée des chevaux en cas d'incendie. Les animaux y sont disposés sur deux rangs perpendiculaires à l'axe du bâtiment et têtes au mur. Le plafond, recouvert d'un enduit de plâtre, est facile à tenir propre, ainsi que les murs qui sont enduits d'une couche de lait de chaux quand le besoin s'en fait sentir. Une telle disposition aide à l'éloignement des maladies.

L'écurie manque toutefois de hauteur ; le plafond se trouve à 2^{m}50 du sol. Les murs sont percés d'ouvertures qui laissent entrer dans l'écurie une lumière tamisée. L'air ne tombe pas directement sur les chevaux.

Le sol est pavé, ce qui éloigne tout risque de glissement dangereux pour les animaux.

Derrière les chevaux passe une rigole qui mène directement les déjections liquides dans une fosse à purin.

Les harnais sont suspendus dans une sellerie à des chevrons scellés dans le mur. La sellerie fait en même temps office de chambre des charretiers qui ne couchent pas dans l'écurie, ce qui ne serait pas légalement régulier.

Les cuirs n'ont pas à souffrir des dégagements de vapeurs d'ammoniaque qui se produisent auprès des chevaux.

VACHERIE

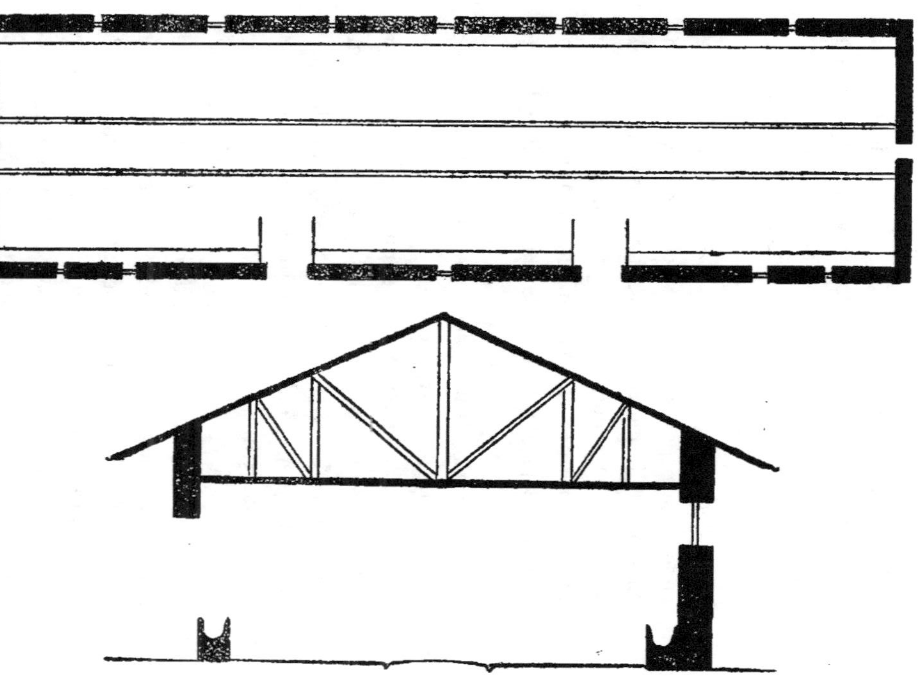

Vacherie

La vacherie n'est séparée de l'écurie que par la salle de préparation des rations. Elle a une longueur de 30^m, une largeur de 8^m et une hauteur de 3^{m}20, soit une contenance totale de 768 mètres cubes d'air.

On compte en général qu'il faut 15 à 20 mètres cubes d'air par animal, et ici nous avons, pour chacun, 14,5 mètres cubes. La dimension de la vacherie est donc à peu près bien proportionnée au nombre d'animaux qu'elle contient. Il nous semble, cependant, que la hauteur du plafond pourrait être augmentée.

Dans cette étable, les vaches sont sur deux rangs, tête au mur. Derrière les bêtes passe une rigole d'écoulement pour le purin ; le milieu de l'étable est longé par un couloir de service d'une largeur de 1^{m}60. Il permet le passage facile d'une brouette pour l'enlèvement du fumier et l'apport de la nourriture.

Le sol de la vacherie est en briques. Ce mode de pavage n'est pas parfait, car il est glissant et dangereux pour des bêtes en gestation.

Le plafond est constitué par des voutins de briques reposant sur des fers à double T. Ce genre de plafond est indestructible par le feu et présente l'avantage de ne pas condenser l'humidité qui retombe sur le dos des animaux lorsque les plafonds sont en ciment armé. En outre, ce mode de construction est assez fort pour supporter un grenier de paille et de fourrage. La question de la main-d'œuvre se trouve ainsi très simplifiée,

L'aération et la lumière semblent un peu trop modérés ; sur toute la longueur de la vacherie nous ne trouvons, en tout et pour tout, que cinq fenêtres de 0ᵐ80 sur 0ᵐ60, sept lucarnes de 0ᵐ30 de diamètre et deux portes roulantes, comme celles de l'écurie, ayant 1ᵐ40 sur 2ᵐ50. Ces deux portes s'ouvrent sur la fumière, ce qui permet, en hiver, d'y lâcher les vaches. On a ainsi un fumier mieux tassé, bien meilleur.

Salle des rations

Elle est située, comme nous l'avons dit déjà, entre l'écurie et la vacherie. Sa place est donc excellente. Elle est divisée en deux parties, l'une pour les menues pailles, l'autre pour les betteraves. Nous y trouvons un coupe-racines. On peut entasser la provende entre de petites cloisons de bois. Cette provende est distribuée aux animaux au moyen de manes transportées sur une grande brouette.

Une mane contient environ 60 litres de provende.

Il est à remarquer que toutes les étables sont réunies dans le même coin de la ferme, ce qui simplifie sensiblement le travail du vacher pour la distribution des rations.

Etables des veaux

Elles sont à peu près de même construction que celle des vaches, mais elles sont de dimensions moindres. Nous trouvons quatre de ces étables les

unes à côté des autres. Celles-ci sont à côté de la
vacherie, ce qui permet de lâcher les veaux sur la
fumière.

Hangars

On trouve de chaque côté de l'entrée de la ferme
un hangar. Ils n'ont pas tous les deux la même
dimension. Celui de gauche couvre environ
200 mètres carrés et celui de droite 250 m². Ces
grandes dimensions permettront d'abriter toutes
les récoltes. La couverture de ces hangars est
faite en tuiles et les poteaux qui les soutiennent
sont en bois et scellés dans le sol par du ciment
armé.

Atelier

L'atelier que nous avons à Boutencourt ne servira pas beaucoup du fait que la ferme se trouve
dans le village même. Nous aurons cependant les
quelques instruments absolument indispensables
dans une ferme.

Poulailler

Il est bien aménagé, mais un peu sombre. La
porte est percée d'une trappe, ce qui permet le
libre passage des volailles. Les perchoirs y sont
disposés horizontalement pour éviter les disputes,
car les volailles recherchent toujours les places
les plus élevées.

Porcherie

Elle est abandonnée maintenant, car M. Galmel a cessé tout élevage de porc. Elle est divisée en plusieurs loges bien aménagées, mais il y fait excessivement sombre, ce qui n'est pas favorable à un tel élevage.

Magasin à engrais

C'est une salle ordinaire qui a été consacrée à cet usage. On a choisi pour cela un local sain et sec. On sait la mauvaise influence de l'humidité sur beaucoup d'engrais.

Fumière

Elle est située à une certaine distance de la maison d'habitation par mesure d'hygiène. Elle se trouve dans le fond de la cour, exposée à recevoir toutes les eaux de pluie. Pour remédier à cet inconvénient, on l'a entourée, sur deux côtés, d'une levée de terre sur laquelle on a planté quelques arbres. Ces derniers ont en même temps l'avantage de préserver un peu le fumier des actions nocives du soleil.

La situation de la fumière est bonne puisqu'elle se trouve à proximité des écuries et des étables. La sortie du fumier en est bien facilitée; en outre, cette proximité permet de lâcher les vaches et les génisses sur la fumière, comme nous l'avons déjà dit. A cet effet, des barrières l'entourent.

Jardin potager

On peut le considérer comme un modèle du genre. Une seule chose laisse un peu à désirer : l'orientation de l'ados qui serait meilleure au midi. L'accès de ce jardin se fait par la sortie qui se trouve entre l'écurie et la salle des rations. Nous y trouvons tous les légumes et arbres fruitiers que peut demander une maîtresse de maison. Quelques fleurs et arbres ornementaux y sont même représentés.

L'entretien en est excellent.

Les autres bâtiments ne présentent pas un grand intérêt au point de vue de la ferme.

CHAPITRE IV

MATÉRIEL & FORCE MOTRICE

Eau

La ferme est alimentée en eau par un puits d'une profondeur de 6 mètres. Cette eau est montée dans un réservoir par une pompe actionnée par un petit moteur électrique. L'eau se rend dans un réservoir de 3.000 litres situé dans la ferme, puis est distribuée sous pression dans les divers bâtiments de l'exploitation. Tous les matins on remplit le réservoir.

Electricité

La ferme de Boutencourt produit elle-même son électricité, grâce à un moulin qui a été transformé et muni d'une turbine. Ce moulin est situé sur le cours de l'Aunette, à 300 mètres environ en aval de la ferme.

C'est la force vive de l'Aunette qui actionne la turbine.

L'aménagement du moulin a eu lieu en 1917 aux frais du propriétaire. On a, à ce moment-là, aménagé la turbine, la dynamo (qui a été échangée ensuite par le fermier parce qu'elle fonctionnait mal comme génératrice), le tableau et les connexions. Le tout a coûté 25.000 francs. Le fermier en paye l'intérêt.

La turbine peut développer une puissance de 12 chevaux, mais généralement le courant n'est pas assez abondant pour obtenir cette puissance.

La génératrice a une puissance normale de 9 chevaux.

La canalisation, ainsi que deux réceptrices qui se trouvent à la ferme, ont été installées, aux frais du fermier, pour 12.000 francs.

Ces deux réceptrices ont chacune une puissance de 6 chevaux. L'une des deux se trouve dans la chambre des charretiers. Elle peut faire fonctionner, à tour de rôle : la pompe du puits, le coupe-racines dans la salle des rations et l'aplatisseur d'avoine.

La seconde machine actionne soit la batteuse, soit un banc de scies.

Pour avoir de la lumière électrique, on met simplement en marche la turbine. M. Galmel préfère ce moyen d'éclairage plutôt que d'avoir à la ferme une batterie d'accumulateurs. Ces derniers sont toujours plus dangereux, en effet, que le mode si simple que nous trouvons actuellement à la ferme de Boutencourt.

Tracteur

M. Galmel a acheté, en 1923, un tracteur « Austin » de 25 chevaux, pour 14.000 francs. Le grand avantage de cet appareil est de fonctionner avec un combustible formé d'un mélange d'essence et de gas-oil. De cette façon, le prix du travail effectué par le tracteur paraît avantageux. Cependant, M. Galmel le réserve presque uniquement à faire des extirpages (60 à 70 hectares par an environ). L'année dernière, cependant, les labours se trouvant en retard, on y a fait travailler un peu le tracteur.

Il nous est facile de voir, par un petit compte, si la journée de travail du tracteur est plus ou moins onéreuse que celle des chevaux.

Le tracteur travaille par an :

$$\text{Extirpage} \ldots\ldots \frac{68 \text{ j.}}{4 \text{ ha.}} = 17 \text{ jours}$$

$$\text{Labours} \ldots\ldots \frac{20 \text{ j.}}{2 \text{ ha.}} = 10 \quad \text{»}$$

$$\text{Total} \ldots\ldots\ldots \quad 27 \text{ jours par an}$$

Ce chiffre nous paraît un peu minime et il nous semble qu'une telle machine pourrait travailler davantage. Mais il ne faut pas oublier que le tracteur est là en cas de presse, pour rattraper les retards.

EXTIRPAGE

Avec des chevaux (par hectare)

$$3 \text{ chevaux} : \frac{3 \times 25}{2} \ldots\ldots\ldots\ldots\ldots\ldots\ldots\ldots \quad 37 \ 50$$

$$1 \text{ homme} : \frac{25}{2} \ldots\ldots\ldots\ldots\ldots\ldots\ldots\ldots \quad 12 \ 50$$

Amortissement de la machine. 2 10
                                                    ____
                                                     52 10
Intérêt du total à 6 % 3 10

    Total par hectare. 55 20

Avec le tracteur (par jour : 4 hectares)

Assurance, imprévus : $\dfrac{500}{27}$ 18 50

Réparations : $\dfrac{1.000}{27}$ .... 37 »

1 homme .... 25 »
Essence : 2 fr. 41 $\times$ 5 litres................. 12 05
Gas-oil : 0 fr. 80 $\times$ 60..................... 48 »
Huile : 7,50 $\times$ 2...................... 15 »
Graisse : 8 $\times$ 0,50..................... 4 »

159 55

Intérêt du total à 6 %..................... 9 60

Amortissement : $\dfrac{14.000}{27\times10}$ 51 85

Amortissement de la machine : 2,10 $\times$ 4...... 8 40

Total des dépenses par journée de travail. 229 40

Soit par hectare : $\dfrac{229,40}{4} = 57$ fr. 35

Le travail revient donc à peu près aussi cher fait par le tracteur que fait par les chevaux. Pourquoi donc ne pas le faire travailler davantage ?

LABOUR MOYEN

Avec les chevaux (par jour : 40 ares)

3 chevaux : 3 $\times$ 25..................... 75 »
1 homme .... 25 »
Amortissement de la charrue................. 3 70

103 70

Soit par hectare : $\dfrac{103,70 \times 100}{40} = 259$ fr. 25

Avec le tracteur (par jour : 2 hectares)

Extirpage

2 hommes..	50	»
Assurance, imprévus	18	50
Réparations	37	»
Essence	12	05
Gas-oil	48	»
Huile et graisse................................	19	»
	184	55
Intérêts du total à 6 %.....................	11	75
Amortissement	51	85
Amortissement de la charrue : 3,70 × 2.......	7	40
Total des dépenses par journée de travail.	255	55

$$\text{Soit par hectare :} \ \frac{255,55}{2} = 127 \ \text{fr. } 77$$

Ici, donc, le travail au tracteur est beaucoup plus intéressant que celui fait avec des chevaux.

Matériel

Le matériel est un des facteurs les plus importants d'une exploitation agricole. Grâce aux données qu'il nous fournit, il permet immédiatement d'assurer avec précision la bonne marche du domaine. Une ferme bien montée doit posséder les instruments nécessaires à effectuer les travaux du sol, à tout le moins les instruments indispensables pour ne pas immobiliser un capital qui ne rapporterait pas. Il ne suffira pas de vouloir acheter des appareils nouveaux pour remplacer ceux que l'on possède ; il faudra auparavant se rendre bien compte de leur utilité ou de leur nécessité, des avantages économiques qu'ils peuvent présenter.

Le matériel doit être entretenu parfaitement et être bien protégé contre les intempéries, afin de répartir l'amortissement sur un plus grand nombre d'années.

Le matériel que possède la ferme est très complexe. Nous classerons les instruments d'après leur utilisation.

INSTRUMENTS DE CULTURE

1 déchaumeuse à 3 socs, 1 brabant double moyen, 1 grand brabant double, 1 extirpateur à 7 dents, 1 extirpateur à 9 dents, 1 cultivateur canadien à 15 dents, 1 herse articulée nécessitant la traction de 2 chevaux, 2 nécessitant la traction de 3 chevaux, 3 rouleaux de fonte plombeurs, 1 rouleau croskill.

INSTRUMENTS POUR LES SEMIS

1 semoir à betteraves à 6 rangs, 1 semoir au rayon à 18 rangs, 1 planteuse de pommes de terre.

INSTRUMENTS D'ENTRETIEN DES CULTURES

2 bineuses à betteraves de 3 rangs, 1 buttoir, 1 pulvérisateur.

INSTRUMENTS DE RÉCOLTE

2 faux, 2 faucheuses, 1 faneuse, 1 râteau à cheval, 1 râteau-fane, 1 moissonneuse-javeleuse, 3 moissonneuses-lieuses, 1 arracheur de betteraves, 1 arracheur de pommes de terre.

MATÉRIEL DE TRANSPORT

6 tombereaux de 3 mètres cubes, 1 farinière, 2 guimbardes, 1 tonneau à eau, 1 pompe.

MACHINES POUR TRANSFORMER ET PRÉPARER LES PRODUITS DE LA FERME

Matériel de battage

Il se compose de :

Une batteuse, qui peut battre 70 à 80 quintaux par journée de 10 heures. Nous verrons dessus et autour 7 à 8 personnes. Mais ce matériel ne servira que pour une petite partie de la récolte ; le reste sera battu à l'entreprise.

Un moteur électrique d'une force de 6 chevaux; nous en avons déjà parlé à propos de la force motrice.

Nous avons en outre, comme matériel de transformation :

1 tarare, 1 trieur à graines, 1 aplatisseur d'avoine, 1 concasseur, 1 hache-paille, 1 broyeur, 1 décrotteur à betteraves, 1 coupe-racines, 1 brise-tourteaux, 1 cuiseur, 1 broyeur à pommes, 1 pressoir.

Le matériel comprend en outre un tracteur dont nous avons parlé plus haut.

CHAPITRE V

LA MAIN-D'ŒUVRE

———

En agriculture, certains travaux s'imposent d'une façon impérieuse et ne sauraient être omis ou retardés sans grands dommages.

Il en résulte que l'agriculture doit disposer de main-d'œuvre pour satisfaire les exigences de ses diverses cultures.

Avant la guerre, les ouvriers ruraux se recrutaient particulièrement parmi les sujets français, mais depuis, par suite du développement de l'industrie, celle-ci, à cause de ses salaires élevés, a presque tout accaparé, et il ne reste plus guère de personnel pour les travaux agricoles.

Devant cette pénurie de main-d'œuvre et pour ne pas abandonner complètement les travaux de la campagne, il a fallu faire appel aux ouvriers étrangers. C'est pour cette raison que nous trouvons maintenant dans les campagnes de France, nombre d'Italiens, de Polonais, de Tchéco-Slovaques, de Belges, etc., qui sont venus prêter main-forte à nos agriculteurs.

A la ferme de Boutencourt, nous trouvons quelques ouvriers étrangers qui y sont traités absolument comme les Français, au moins au point de vue pécuniaire.

Nous allons indiquer et énumérer les salaires et avantages que nous accordons à nos ouvriers.

Le personnel de la ferme se compose de :

Charretiers 4
Vacher et sa femme.............. 1
Hommes de cour.................. 2
Jardinier 1
Servante 1

CHARRETIERS

Comme charretiers, nous emploierons des gens du pays ou des étrangers, Polonais ou Belges, que nous habituerons à ce travail. Nous choisirons des hommes doux et patients, afin que nos animaux ne soient pas maltraités. Mais il nous faudra des hommes courageux au travail et consciencieux, pour éviter les pertes de temps.

Une surveillance assidue est nécessaire de la part du fermier.

Tous nos charretiers ne seront pas payés le même prix ; le premier recevra 625 francs par mois et les autres 600 francs. Tous nos charretiers seront logés, mais non nourris. On leur distribuera chaque jour un litre de lait à chacun.

Le logement de nos charretiers sera une chambre contigüe à l'écurie, qui fera en même temps office de sellerie.

VACHER

Le nombre de vaches que nous entretenons à la ferme de Boutencourt étant assez élevé, il ne nous est pas possible de n'employer qu'un vacher. Aussi employons-nous un ménage. De cette façon,

le travail est mieux fait et nos bêtes sont en meilleur état. Le ménage sera payé 800 francs par
mois. Ce chiffre n'est pas énorme, mais nombreux
sont les avantages que nous lui accordons en plus:
homme et femme seront logés à la ferme, et, en
outre, nous leur fournirons deux litres de lait et
des pommes de terre à discrétion. Ils auront le
droit d'élever quelques lapins pour lesquels le foin
sera fourni par la ferme. Peut-être serait-il bon
de limiter le nombre des lapins et la quantité de
fourrage disponible. En dehors de cela, nous donnerons des primes sur les naissances des veaux et
au moment du sevrage des génisses. Ceci poussera
à la douceur envers les bêtes.

HOMMES DE COUR

Les hommes de cour recevront chacun 600 francs
par mois et auront, en outre, les mêmes avantages
que les charretiers.

JARDINIER

Il sera payé 700 francs par mois et bénéficiera
des mêmes avantages que les hommes de cour.

SERVANTE

Elle touchera 200 francs par mois. Elle sera
logée comme les autres ouvriers, mais sera nourrie
dans la ferme.

JOURNALIERS

Outre les ouvriers qui travaillent à l'année à la
ferme, nous emploierons quelques tâcherons.

Ceux-ci se composeront de Belges et de gens du pays.

On prend des Belges au moment du démariage des betteraves. Ils viennent à la ferme en mai. Ces ouvriers sont payés à la tâche : 350 francs par hectare pour un binage et le démariage et 400 francs pour l'arrachage, la mise en tas et le chargement des tombereaux de betteraves.

Le travail fourni par ces ouvriers est bon. Nous emploierons les Belges de préférence aux Polonais, car ces derniers sont souvent lents et paresseux. Il faut, pour obtenir d'eux un travail moyen, les surveiller tout le temps. Il est vrai que le travail à la tâche les pousse au travail.

Les travaux que nous ferons faire par des ouvriers à tâche sont encore :

L'épandage du fumier, payé 50 francs par hectare.

L'échardonnage, payé 20 francs par hectare.

Le bottelage du foin, payé 10 francs les 200 bottes.

Le détourage, payé 5 francs par hectare.

La récolte des pommes à cidre, payée 1 franc les 50 litres de pommes.

La récolte du lin, payée 1.000 francs de l'hectare.

Un seul travail sera fait à la journée par du personnel étranger à la ferme : la fenaison. Nous donnerons alors 25 francs par jour pour ce travail. Nous payerons à la journée. C'est un travail délicat qui exige de ne pas être saboté.

Le tracteur sera toujours conduit par le fermier lui-même.

CHAPITRE VI

CULTURES

Les terres de la ferme de Boutencourt étant de différentes qualités et d'humidité variable, il est compréhensible que nous ne trouvions pas les mêmes plantes sur toute l'étendue des terres. Dans les parties basses, près de la rivière, nous trouverons surtout des prairies; un peu plus haut, à hauteur des bâtiments de la ferme, nous aurons un mélange de terres cultivables et de prairies. Enfin, dans le haut, sur le plateau, le sol se prêtera surtout à la grande culture.

Nous pouvons conclure de là que la ferme sera mixte, comprenant à peu près 3/4 de cultures pour 1/4 de prairies naturelles.

Nous aurons :

Terres labourées............	132 ha.
Prairies naturelles...........	50 »

Soit au total : 182 hectares.

Cette superficie sera répartie comme suit :

Betteraves sucrières.........	15 ha.
Betteraves demi-sucrières....	15 »
Lin	5 »
Blé	35 »
Avoine	30 »
Luzerne	25 »
Trèfle	7 »

Comme on peut le voir, ces cultures sont combinées, de façon à produire la plus grande quantité possible de céréales et de fourrages afin de nourrir toujours convenablement notre bétail et de ne pas trop dépenser pour son entretien.

ASSOLEMENT

On entend par assolement, le partage des terres d'une exploitation en soles de superficies sensiblement égales, de façon à assurer méthodiquement la succession des cultures. C'est donc l'art de savoir faire succéder les plantes dans un même terrain pour en tirer les meilleurs rendements possibles et assurer à chacune d'elles le plus de chances de réussite.

L'utilité de l'adoption d'un assolement se déduit facilement de ce fait : la culture d'une plante, répétée successivement sur un sol pendant plusieurs années, amène un envahissement du terrain par les parasites animaux ou végétaux et épuise considérablement la terre. Les plantes cultivées ne donnent plus alors que des rendements déficitaires.

L'assolement que nous adopterons sera l'assolement triennal avec les prairies artificielles hors-sole.

Mais la diversité des terres nous empêche d'adopter un assolement absolument fixe. Nous éviterons, par exemple, de cultiver des betteraves sur un sol par trop caillouteux et du lin sur une terre par trop argileuse.

En principe, nous chercherons à répartir nos

cultures de façon à avoir chaque année les surfaces suivantes de chaque plante :

Première sole : betteraves........	30 ha.	
Deuxième sole : blé..............	35	»
Troisième sole : avoine et lin......	30 + 5	»
Quatrième sole : luzerne et trèfle..	25 + 7	»

Mais nous pourrons, si le besoin s'en fait sentir, augmenter l'une ou l'autre sole. Si nous trouvons à faire un achat intéressant de jeunes poulains, nous n'hésiterons pas, par exemple, à augmenter la sole d'avoine au cas où nous craindrions ne pas avoir assez de cette matière.

En principe, cependant, c'est l'assolement que nous suivrons toujours sur le sommet du plateau, où les terres sont aptes à porter à peu près toutes les plantes.

Il nous semble que cet assolement est rationnel et bon, car il est aisé de se rendre compte que les plantes améliorantes y succèdent aux épuisantes et il nous permet de nous procurer toutes les plantes dont nous pouvons avoir besoin pour la nourriture et l'entretien de notre cheptel vivant. Cette considération est essentielle dans l'établissement d'un assolement.

Pour cette raison, notre assolement nous semble très rationnel.

Une plante sarclée placée ainsi tout au début de la rotation, nous permettra de tenir le sol propre, ce qui contribuera à augmenter nos rendements. D'ailleurs, les betteraves seront abondamment fumées chaque année : elles recevront environ 35 à 40.000 kgs de fumier par hectare. Après en avoir largement profité, elles laisseront dans le sol environ les 3/5 de la fumure, dont une partie sera utilisée par le blé qui viendra en seconde sole. Mais le blé est une plante salissante, qui ne sait pas se défendre contre les mauvaises herbes ; aussi devrons-nous mettre, en troisième sole, des plantes que nous pourrons rendre nettoyantes ; nous choisirons l'avoine et le lin. Nous défendrons l'avoine contre les plantes adventices, ce qui nous laissera, à la moisson, une terre propre pour la culture de la luzerne.

Le lin est nettoyant ou salissant suivant qu'il est semé dru ou non. Nous le sèmerons donc dru, ce qui aura l'avantage d'étouffer les mauvaises herbes et de donner une filasse fine et longue qui a une plus grande valeur.

Enfin, la luzerne venant après avoine et lin, deux plantes épuisantes, enrichira un peu le sol pourvu que nous mettions dans la terre une petite quantité d'engrais pour le début de sa végétation.

Cette luzerne sera semée dans l'avoine et dans le lin et passera ensuite hors-sole. Les deux plantes-abris ne gêneront pas la légumineuse, car elles ne passent que relativement peu de temps dans le sol.

La luzerne restera trois ans et, partant, sera semée et défrichée chaque année par tiers.

De ce qui précède, nous pouvons conclure que notre assolement, très élastique, nous permet d'augmenter ou de réduire la surface des plantes cultivées. Il pourra donc s'adapter parfaitement à toutes les conditions économiques, ce qui est une chose capitale dans la période que nous traversons.

§ I. — PREMIERE SOLE

Plantes sarclées

Betteraves sucrières (15 hectares)

Cette culture ne se fait à la ferme de Boutencourt que pour cultiver des plantes sarclées nécessaires à un bon assolement. Dans tout assolement, en effet, il faut que les plantes nettoyantes, comme les betteraves, tiennent une certaine place. On pourrait cultiver, à Boutencourt, soit des betteraves sucrières, soit des fourragères. Les sucrières étant mieux rémunérées que les fourragères, on a pensé à la culture des premières.

Certainement cette culture n'est pas très intéressante à Boutencourt, car on se trouve loin de la sucrerie et les frais de transport diminuent sensiblement le prix payé par la sucrerie, mais la culture des betteraves sucrières a l'avantage de procurer une certaine quantité de pulpes, nécessaire à la nourriture du bétail dans une ferme où l'élevage tient une place importante, comme celle de Boutencourt.

Pour la préparation du sol à cette culture, nous donnerons un déchaumage après l'enlèvement de la céréale, puis nous ferons transporter et épandre le fumier qui sera enfoui par un léger labour de 8 à 10 centimètres. Avant le commencement des grands froids, nous donnerons un gros labour de 25 à 30 centimètres que nous pourrons faire exécuter par le tracteur si nous sommes en retard pour les travaux. Pendant tout l'hiver, les gels et dégels se chargent de pulvériser la terre mieux que n'importe quel instrument. Après l'hiver, nous donnerons un coup de rouleau croskill pour émietter complètement la surface du champ. Des scarifiages et des hersages constitueront l'ameublissement. Enfin, un dernier coup de croskill suivi d'une dent de herse rendra la terre pulvérulente et en excellent état pour recevoir la semence.

La semence dont nous nous servirons nous sera fournie par la sucrerie, qui permet aux producteurs de choisir entre plusieurs variétés.

En 1926, M. Galmel avait pris comme variété la Klein-Wanzleben ; en 1927, il a semé de la Sébline.

Cette graine sera répandue à raison de 20 kgs à l'hectare. De cette façon, nous aurons un semis assez dense, ce qui nous évitera d'avoir des manques à la levée toujours ennuyeux à combler.

Sur les betteraves, nous mettrons des quantités importantes d'engrais, de façon à obtenir les plus gros rendements.

Nous mettrons :

> Fumier .... 37.000 kgs à l'ha.
> Nitrosalpétrine d'Auby .... 800 »

Nous répandrons la nitrosalpétrine en deux fois :

600 kgs avant le semis et 200 kgs en couverture après la levée. De cette façon, nous ne courrons pas le risque de voir les éléments fertilisants entraînés dans le sous-sol par les eaux de pluie.

Une fois que nos betteraves commenceront à lever, nous donnerons un premier binage, puis nous ferons démarier. Ensuite, nous ferons un second binage à la main. Pour ces trois travaux, nous prendrons des hommes à la tâche. En plus du prix à l'hectare, nous distribuerons au personnel la boisson et du bouillon à midi.

Ces travaux terminés, nous binerons, avec la houe à cheval, autant de fois qu'il nous sera possible. « On fait le sucre à coups de houe », dit-on.

Lorsque nos betteraves seront trop développées pour être binées, nous les laisserons croître jusqu'au moment de l'arrachage. Celui-ci sera fait, comme le binage et le démariage, par des équipes à tâche, avec les mêmes avantages que pour les premiers travaux.

En prenant ainsi du personnel à la tâche, nous aurons l'avantage de voir le travail se faire plus vite ; pour qu'il soit bien fait, nous surveillerons de très près.

Nous comptons obtenir un rendement de 25 à 30 tonnes par hectare en moyenne, avec une densité de 8 à 10 degrés Baumé.

Comme nous l'avons dit plus haut, la récolte sera vendue à la sucrerie de Bresles. L'embarquement des betteraves se fera à quai, sur la ligne de Beauvais à Gisors. Un quai particulier, qui se trouve à 3 kilomètres de la ferme, nous permettra de décharger directement nos tombereaux dans le wagon. La présence de ce quai sera pour nous un grand avantage, car un seul homme sera nécessaire sur le wagon pendant la décharge ; il répartira les betteraves dans les coins pour ne pas empêcher le tombereau suivant de basculer sa charge.

Les betteraves sont vendues à la sucrerie de Bresles par l'intermédiaire du Syndicat agricole de Chaumont. M. Goré, qui s'occupe de traiter avec la sucrerie à propos des contrats, a obtenu que le prix des betteraves soit basé sur la moyenne du prix du sucre au cours des douze mois de l'année, en livrable d'octobre du 1er juin au 30 septembre et en disponible du 1er octobre au 31 mai.

Comme on le voit, ce contrat est assez avantageux parce qu'il est basé sur douze mois. Rares sont les sucreries qui accordent les mêmes avantages. Elles payent en général sur huit mois. De cette façon, elles s'arrangent pour faire baisser le prix du sucre à ce moment-là et le font monter exagérément pendant les quatre autres mois, moment où elles vendent leur sucre. Elles arrivent ainsi à acheter les betteraves au moindre prix et revendent le sucre au prix fort. C'est là un des gros avantages que s'est acquis le Syndicat de Chaumont qui, du reste, est un de ceux qui fonctionnent le mieux de l'Oise.

Le poids des betteraves est fixé à la pesée géométrique, c'est-à-dire que, avant l'arrachage, la sucrerie envoie un de ses représentants et, parfois, un ouvrier.

On arrache alors, dans différents coins du champ et sur des surfaces connues, un certain nombre de betteraves ; on en prend le poids et, par une règle de trois, on ramène au poids par hectare.

Nous aurons soin de toujours assister en personne à la prise d'échantillons, afin que le repré-

sentant de la sucrerie ne choisisse pas spécialement les endroits où les betteraves sont les plus
petites.

La livraison des betteraves sera faite sur
wagon, et c'est la sucrerie qui supportera les frais
du transport, de même que nous supporterons
ceux du retour des pulpes.

Une fois rendues à la sucrerie, on prendra la
densité moyenne de nos betteraves d'après quelques échantillons.

De toute manière, on nous retirera pour le paie-
ment au moins 10 % du poids des betteraves
reconnu à la pesée géométrique. Ces 10 % sont
regardés comme laissés dans la terre sous forme
de collets de betteraves.

Mais on peut arrêter un marché ferme pour
12 tonnes par hectare selon le cours du sucre d'un
jour, et ce, jusqu'au 30 septembre.

La tonne de betteraves est payée 97 fr. 50 pour
le prix du sucre inférieur à 150 francs le quintal.
Ensuite, la sucrerie donne 80 centimes par tonne,
pour une augmentation de 1 franc sur le prix du
sucre.

La base de densité des betteraves est 7°5 Baumé.
La sucrerie paye 1/75ᵉ du prix de la betterave
par degré au-dessus de cette base.

En 1926, M. Galmel a obtenu, de ses betteraves,
un rendement de 20 tonnes par hectare. Sur
15 hectares, le poids de racines obtenu était
donc de :

$$20.000 \times 15 = 300.000 \text{ kgs}$$

et la densité moyenne de 9°5.

En retour de la vente de nos betteraves, la sucrerie nous cédera des pulpes qui nous serviront, comme nous le verrons plus loin, à la nourriture de notre bétail. Ces pulpes, nous les reprendrons en grande quantité, sans excès cependant. En général, la sucrerie permet la reprise de 50 % du poids des betteraves, au prix de 12 francs la tonne. Au-dessus de ce poids, elles sont livrées au prix de 15 francs la tonne. Cependant, il ne nous semble pas que cette nourriture soit très avantageuse pour deux raisons :

1° Le prix du transport de Bresles à Boutencourt est assez élevé, car il faut bien comprendre que les prix que nous avons indiqués s'entendent pour une tonne prise sur wagon, au quai dont nous avons parlé plus haut ;

2° A leur arrivée, les pulpes sont mises en silo à côté de ce quai d'embarquement.

La méthode d'ensilage employée n'est pas parfaite, il se perd une quantité assez notable de pulpes : environ 50 %.

L'ensilage est fait actuellement de la façon suivante :

On déverse les pulpes dans le silo en les salant assez fortement et en y ajoutant soit des fanes, soit de la luzerne.

Ce procédé, nous semble-t-il, ne possède qu'un avantage, celui du sel, dont les animaux sont très friands, les excite à manger les pulpes et sert à faire passer le goût de fermentation.

A côté de cet avantage, nombreux sont les inconvénients ; ils tiennent tous aux mauvaises fermentations. Elles ont le défaut de risquer de provoquer des accidents digestifs ou même, parfois, des avortements.

Il nous semble que la conservation par un produit à base d'acide lactique tel que le « Lacto-pulpe », serait bien préférable au premier mode que nous avons signalé. Les avantages que nous trouvons à ce produit sont les suivants :

1° La perte de poids est réduite ; on compte 15 à 20 % seulement de diminution.

2° L'odeur des pulpes reste toujours franche, même après dix-huit mois de conservation. Le premier mode oblige, à cause de l'odeur nauséabonde répandue par le silo, à faire manger les pulpes avant les betteraves fourragères. Avec ce deuxième mode, nous pourrons conserver le silo plus longtemps, ce qui nous permettra, si nous avons des betteraves gelées, par exemple, de les faire manger les premières, sans les laisser pourrir.

3° La fermentation provoquée par ce produit est uniquement lactique ou à peu près, ce qui donne aux pulpes un goût très apprécié du bétail, qui ne peut causer d'accidents. De plus, la forme des cossettes reste la même qu'au sortir de la sucrerie, au lieu de se changer en un amas informe.

En un mot, les pulpes conservées au « Lacto-pulpe » ont sensiblement la même valeur que si elles étaient consommées vingt-quatre heures après la sortie de la sucrerie.

L'emploi de ce produit est très facile ; on délaie un litre de ferments lactiques dans quelques litres d'eau et on pulvérise une partie de la solution sur chaque couche de 10 à 15 centimètres de pulpes.

Un litre de « Lactopulpe » suffit à la conservation de 20.000 kgs de pulpes. L'ensilage d'une tonne de pulpes revient donc à environ 40 ou 50 centimes, sans compter le salaire de la personne qui pulvérise la solution.

Nous calculerons plus loin approximativement la quantité de pulpes nécessaires pour la ferme.

Betteraves demi-sucrières (15 hectares)

Il était d'usage, autrefois, de ne cultiver, dans les fermes, pour la nourriture du bétail, que des betteraves fourragères. Elles offraient, à l'hectare, un plus gros rendement, c'est à peu près le seul avantage qu'elles possédaient.

Aujourd'hui, on a presque complètement abandonné les variétés fourragères pour les betteraves demi-sucrières. Grâce à une sélection judicieuse des graines, elles rendent à peu près autant que les anciennes betteraves fourragères. Elles ont l'avantage de renfermer moins d'eau que ces dernières, et, par conséquent, plus de matières nutritives, et de trouver un débouché assez facile en distillerie si la production dépasse les besoins ; au contraire, il était extrêmement difficile de vendre des betteraves fourragères.

Nous cultiverons donc, à Boutencourt, des demi-sucrières.

Les variétés que nous emploierons seront la « Blanche à collet vert » et la « Rose demi-sucrière ». Cette seconde variété donne des rendements un peu inférieurs à ceux de la première, mais elle possède l'avantage de se conserver mieux. En cultivant les deux, nous obtiendrons une moyenne pour le rendement comme pour la conservation.

Nous achèterons les graines dans une maison de confiance. En 1926, le prix était de 5 francs le kilo.

Les travaux de préparation du sol et les soins d'entretien seront les mêmes que pour les sucrières. Comme fumure, nous mettrons les quantités d'engrais que nous apportons aux betteraves sucrières. Le semis des graines sera fait à raison de 20 kilos à l'hectare et l'arrachage aura lieu après celui des betteraves sucrières.

Les betteraves demi-sucrières ne seront pas rentrées à la ferme ; nous les mettrons en silo dans un terrain près de l'exploitation.

Les silos que nous établirons auront les dimensions suivantes : 3 mètres de large à la base, et une hauteur de 1^{m}80. Nous aurons soin de ménager des cheminées d'aération tous les six à sept mètres. Ces cheminées seront constituées par des fagots sortant légèrement du tas.

Pour préserver les betteraves de la gelée, nous placerons une couche de paille entre les racines et la terre qui les recouvrira. L'épaisseur de la couche de terre sera de 25 centimètres à la base du silo et ira en diminuant à la partie supérieure. Du côté nord, on forcera un peu l'épaisseur de terre et nous aurons soin de placer dans cette orientation une des extrémités du silo.

Si nous prenons tant de soins pour l'ensilage de nos betteraves, c'est afin de pouvoir les conserver longtemps, puisque nous ferons manger les pulpes les premières. Il faudra donc que les racines se conservent jusqu'en avril, moment où les vaches partiront à la prairie. Grâce à la fertilité de nos terres et aux soins que nous prenons pour cette culture, nous espérons obtenir un rendement moyen de 40 à 50.000 kgs de racines à l'hectare. En 1926, le rendement fut de 45.000, rendement moyen pour la ferme.

Une question se pose ici : avec un tel rendement, quelle quantité de pulpes nous sera nécessaire durant les sept mois que le bétail passera à l'étable ?

Nous disposerons de :

$$45.000 \times 15 = 675.000 \text{ kgs de betteraves}$$

Or, la ration des vaches consistera en 40 kgs de racines par jour et par bête. En outre, nous porterons chaque jour à nos génisses qui seront en pâture, une vingtaine de kilos, sous forme de provende.

Pour nos vaches laitières, il nous faudra donc par mois :

$$52 \times 40 \times 30 = 63.400 \text{ kgs de betteraves}$$

Pour nos génisses, il nous faudra :

$$20 \times 75 \times 30 = 45.000 \text{ kgs de betteraves}$$

Soit au total : 107.400 kgs. A ce train-là, nous en aurons pour :

$$\frac{675.000}{107.400} = 6 \text{ mois}$$

Soit 5 mois, parce que nous donnerons un peu de betteraves à nos chevaux en hiver, comme nous le verrons plus loin, au chapitre du bétail.

Il nous faudra donc des pulpes pour la nourriture de nos vaches durant deux mois. Or, nous donnerons 70 kgs de pulpes par jour et par vache et 30 kgs par génisse et nous avons vu plus haut que les pulpes perdaient 50 % de leur poids dans le silo. Il nous faudra donc :

Pour nos vaches :

$$2 \times 2 \ (70 \times 52 \times 30) = 436.800 \text{ kgs de pulpes.}$$

Pour nos génisses :

$$2 \times 2 \ (30 \times 75 \times 30) = 270.000 \text{ kgs.}$$

soit au total : 706.800 kgs de pulpes. Nous en prendrons 720.000 kgs environ, afin de ne pas risquer d'être pris de court.

§ 2. — DEUXIEME SOLE

CEREALES

Blé (35 hectares)

Nous n'avons à la ferme de Boutencourt que 30 hectares de betteraves pour 35 hectares de blé. Il semble à première vue que l'équilibre de l'assolement soit rompu ; il n'en est rien. Cela provient seulement de la diversité des terres. Pour la culture du blé, nous aurons 30 hectares sur betteraves et 5 hectares sur luzerne. De cette façon, toute la sole sera formée d'une terre assez riche.

En effet, le blé sur betteraves profitera de deux cinquièmes de la fumure de tête et le blé sur luzerne utilisera l'azote que la légumineuse aura amassé dans le sol.

Le blé succède aux betteraves parce que, se défendant mal contre les mauvaises herbes, il trouvera un sol propre.

De plus, en venant sur plantes sarclées, il aura moins de chance de verser, malgré la forte fumure mise en première sole, selon ce que nous venons de dire : les betteraves auront absorbé les 2/5 des éléments fertilisants de cette fumure. Nous ajouterons même 200 kgs de cianamide à l'hectare pour lui fournir l'azote utile.

Pour le blé qui vient sur défriche de luzerne, il n'en est pas de même et nous serons obligés de faire un assez gros apport de P^2O^5 pour combattre la tendance à la verse. Nous répandrons 800 kgs de scories à l'hectare.

Après l'arrachage des betteraves, nous donnerons un léger labour qui nous permettra d'enfouir les fanes de betteraves que nous n'aurons pas utilisées. Le labour sera suivi d'un hersage et d'un croskillage. Ces façons nous permettront de semer le blé dans une terre raffermie et un peu motteuse.

Les jeunes plantes pourront ainsi s'abriter durant l'hiver et, par les gels et dégels, être rechaussées au printemps quand les mottes de terre auront été désagrégées.

Notre terre ainsi préparée est prête à recevoir la semence. Nous emploierons plusieurs variétés :

Le Bon Fermier. — C'est un blé assez rustique, tallant bien, résistant à la verse, mais sensible à la rouille. Il est précoce et offre d'assez gros rendements en terre riche. Il est sensible aux fortes gelées. C'est une variété qui fut excellente autrefois, mais qui dégénère actuellement et que l'on abandonne à cause de sa trop grande tendance à rouiller.

Blé du Trésor. — Il est assez rustique, précoce et talle bien. Il résiste bien à la verse, mais est sujet à la carie et à l'égrenage. Les bonnes terres franches lui conviennent très bien. C'est un blé que l'on cultive surtout dans le Nord de la France, où il donne d'excellents résultats.

Hybride de la Paix. — C'est une excellente variété qui résiste bien au piétin et à la verse. Il est de précocité moyenne, mais offre des rendements magnifiques en terre fertile. Un de ses gros avantages est de pouvoir se semer jusqu'à la fin de février. C'est un blé alternatif.

Blé des Alliés. — Bon blé qui résiste assez bien à toutes les maladies et aux intempéries. Comme le précédent, c'est un blé alternatif : il peut se semer jusqu'à la fin de février.

Comme on le voit, le choix des variétés est assez judicieux. Seul le *Bon Fermier* serait avantageusement remplacé par l'*Hybride 23*, blé tout nouveau qui a fourni, jusqu'ici, d'excellents résultats. Nombreux sont les agriculteurs qui nous l'ont vanté ; c'est lui qui, presque partout dans la région, a offert les plus gros rendements cette année. Nous sèmerons et récolterons chaque variété pure, car nous espérons en vendre une partie comme blé de semence.

Le semis sera fait à raison de 180 à 200 kgs à l'hectare. De cette façon, le semis étant assez dru, le blé aura moins de mal à se défendre contre les mauvaises herbes qui risqueraient, sans cela, de l'étouffer.

Les corbeaux étant assez nombreux dans la région, il nous sera utile de nous défendre contre eux. Pour cela, nous emploierons les détonateurs, appareils à répétition réglables à volonté. Ce qui nous a poussés à employer ce système, c'est que nos pièces de terre sont grandes et que la dépense pour le fonctionnement des appareils à répétition ne sera pas exagérée.

Les semailles seront effectuées le plus tôt possible et, si nous ne pouvons pas les faire toutes avant l'hiver, nous conserverons nos blés alternatifs pour les semer au printemps.

Cependant nous éviterons cela le plus possible à cause des rendements qui sont toujours plus faibles qu'avec les blés d'hiver.

Après les semis, les graines seront recouvertes par un hersage.

Après l'hiver, un petit coup de rouleau rechaussera les plantes et favorisera le tallage de nos blés. Un coup de herse par dessus enlèvera les mauvaises herbes, afin que nos céréales se trouvent toujours dans un sol propre.

L'échardonnage, obligatoire, sera effectué par un personnel que nous prendrons à tâche à raison de 10 francs par hectare.

La moisson se fera en juillet-août, quand le grain aura perdu sa consistance laiteuse, mais qu'il sera encore assez mou, pour que l'ongle le marque.

Nous ferons pratiquer le détourage. Les instruments seront fournis par la ferme.

Le blé sera coupé par des moissonneuses-lieuses, au nombre de trois, que nous ferons tirer par des chevaux et non par le tracteur « Austin ».

Le relevage des bottes sera fait par des ouvriers de la ferme. Nous en mettrons en général deux derrière chaque machine. Les gerbes seront mises en dizeaux, sur des lignes parallèles, afin que le séchage se fasse plus vite.

Dès que le blé sera sec, nous le rentrerons le plus vite possible avec les attelages de la ferme. Nous le mettrons sous les granges. Nous nous arrangerons pour que le moins de temps possible soit perdu entre les chargements et les déchargements des véhicules. Le battage sera fait en partie par un entrepreneur à la fin de l'été, et en partie par le personnel de la ferme. Dans le second cas, on battra aux plus mauvais jours de l'hiver, quand le mauvais temps arrêtera les autres travaux.

La batteuse sera actionnée par un moteur électrique. Il nous semble que le tracteur pourrait avantageusement effectuer ce travail et amortir ainsi son prix d'achat.

Une fois le blé battu, il sera porté au grenier, où nous le garderons jusqu'à ce que nous lui ayons trouvé un acheteur.

Grâce à la fertilité de nos terres et aux soins que nous prendrons pour l'entretien de cette culture, nous pouvons espérer, pour les années normales, des rendements moyens de 25 quintaux à l'hectare, soit pour les 35 hectares, de 875 quintaux.

La culture de chaque variété de blé pure nous permettra la vente de ce blé comme semence, moyennant quelques soins d'entretien, de triage et de nettoyage que nous lui ferons subir au grenier. M. Galmel a vendu, cette année, son blé à un prix moyen de 220 francs le quintal.

Comme on le voit, il a su profiter de la hausse momentanée de cette céréale. Ce blé lui a donc rapporté, au total, si nous comptons 75 quintaux de déchets pour les 35 hectares :

$$800 \times 220 = 176.000 \text{ francs}$$

ce qui fait, par hectare, le rendement étant de 25 quintaux en moyenne : $25 \times 220 = 5.500$ fr.

Toute la paille de blé servira à produire du fumier.

§ 3. — TROISIEME SOLE

Avoine et lin

Avoine (30 hectares)

N'ayant pas, à la ferme de Boutencourt, un bétail de travail des plus nombreux, il nous suffirait de quelques hectares d'avoine pour nourrir nos chevaux. Si nous avons étendu cette superficie, c'est uniquement afin que notre assolement se soutienne. Du reste, le prix de l'avoine, cette année, ne nous semble pas désavantageux, bien au contraire.

L'avoine viendra, dans notre assolement, après le blé. De cette façon, nous aurons une plante un peu salissante sur une plante très salissante. Ceci paraît défectueux, mais nous espérons que notre terre arrivera, grâce aux précautions que nous prendrons et que nous avons indiquées au paragraphe de la deuxième sole, à se maintenir dans un état de propreté suffisant pour que les légumineuses que nous sèmerons dans l'avoine ne soient pas gênées au début de leur végétation par les mauvaises herbes.

En effet, si la céréale et les légumineuses prennent le dessus dans leur jeunesse, nous pourrons estimer qu'elles sont sauvées, car la densité du semis pourra aider à tuer les plantes adventices.

Afin que le sol soit bien propre au moment du semis, et qu'il se trouve dans le meilleur état possible pour recevoir la semence, voici les travaux que nous effectuerons sur les terres :

Aussitôt la récolte de blé enlevée, nous effectuerons un déchaumage qui aura pour effet d'aérer le sol et de détruire les mauvaises plantes.

A partir du mois de décembre, on exécutera un labour de 20 à 22 centimètres, puis on laissera reposer le sol et les gelées d'hiver feront le travail de l'émotteuse.

L'avoine venant sur des terres épuisées par deux cultures successives, il sera utile de fournir quelques aliments à cette céréale. D'abord, elle trouvera dans le sol un cinquième de la fumure de tête d'assolement : un cinquième de 40.000 kgs de fumier, soit : 8.000 kgs. Le fumier dosant :

$$
\begin{array}{ll}
\text{Az.} & 5\ 0/00 \\
P^2O^5 & 2{,}5\ 0/00 \\
K^2O & 6\ 0/00 \\
CaO & 4\ 0/00 \\
\end{array}
$$

cela nous fera une réserve de :

$$
\begin{array}{lll}
\text{Az.} : 5 \times 8 & 40 & \text{kgs} \\
P^2O^5 : 2{,}5 \times 8 & 20 & » \\
K^2O : 6 \times 8 & 48 & » \\
CaO : 4 \times 8 & 32 & » \\
\end{array}
$$

Or, nous savons que l'avoine demande, pour 1.000 kgs :

	GRAIN	PAILLE	TOTAL
Az.	17,6	5,6	23 k. 2
P^2O^5	6,5	2,3	8 k. 8
K^2O	5	16,3	21 k. 3
CaO	1	4,3	5 k. 3

Or, nous pouvons compter, par hectare, sur un rendement de 25 quintaux en moyenne, ce qui exportera du sol :

$$
\begin{array}{ll}
\text{Az.} : 2{,}5 \times 23{,}2 & 58\ \text{k.} \\
P^2O^5 : 2{,}5 \times 8{,}8 & 22\ \text{k.} \\
K^2O : 2{,}5 \times 21{,}3 & 53\ \text{k. } 25 \\
CaO : 2{,}5 \times 5{,}3 & 13\ \text{k. } 25 \\
\end{array}
$$

Comme les éléments fertilisants du sol au moment du semis ne suffisent pas à nourrir cette plante, nous y ajouterons 500 kgs d'engrais d'Auby n° 3, dosant 3 % d'Az., 8 % de P^2O^5 et 5 % de K^2O, ce qui nous fera un apport de :

Az., 15 kgs, P²O⁵, 40 kgs, et K²O, 25 kgs, et un total d'éléments fertilisants dans le sol de :

$$Az. : 40 + 15 \dots\dots\dots\dots\dots\dots 55 \text{ kgs}$$
$$P^2O^5 : 20 + 40 \dots\dots\dots\dots\dots 60 \text{ »}$$
$$K^2O : 48 + 25 \dots\dots\dots\dots\dots 73 \text{ »}$$
$$CaO : 32 \dots\dots\dots\dots\dots\dots 32 \text{ »}$$

Nous aurons ainsi un bon sol, pêchant toutefois un peu par l'azote. Il nous semble que l'engrais d'Auby n° 1, qui dose 9 % Az., 6 % P²O⁵, 5 % K²O, aurait été préférable, car sa teneur en azote est plus grande et aurait même procuré un excédent.

Cet excédent aurait pu servir à la légumineuse que nous sèmerons dans l'avoine, car il lui faudra assez d'éléments au début de sa végétation.

L'apport des éléments fertilisants est donc judicieusement fait, car ainsi aucune perte d'azote ne pourra se faire dans le sol par les eaux d'infiltration. Les autres éléments ne risquent guère d'être entraînés et, par conséquent, ce sera enrichir notre terre que de lui fournir de ces substances en excès.

Au printemps, dès que le temps et la température le permettront, nous effectuerons le semis, de préférence en février, car il faut se souvenir du proverbe qui dit : « Avoine de février, remplit le grenier. »

La semis de l'avoine sera fait au semoir en ligne, comme celui du blé ; seule la quantité de graines changera et sera de 150 kgs à l'hectare. Cette année, M. Galmel a payé sa semence d'avoine 100 francs au-dessus du cours normal.

La variété que nous sèmerons sera la *Jaune Pluie d'Or*. Nous préférerons cette variété à la *Ligowo* à cause de son écorce plus fine, qui nous dispensera de l'aplatir avant la distribution. En outre, la finesse de l'écorce nous annonce une graine plus nutritive, puisque tous les principes nutritifs sont contenus dans l'amande.

Après le semis, on fera un hersage afin de nettoyer le sol une fois de plus. Quand la plante aura 5 ou 6 centimètres, on roulera afin de favoriser le tallage et d'augmenter ainsi le rendement. Pendant le cours de la végétation, assez tôt pour ne pas abîmer les jeunes plantes, nous ferons pratiquer l'échardonnage, comme pour le blé. Nous ferons aussi détruire les sanves. Ce travail sera fait au moyen d'un tonneau traîné par un cheval; ce tonneau sera de même construction que le tonneau à SO^4H^2, c'est-à-dire qu'il sera fait de telle façon que ses parois soient inattaquables aux acides. Pour cela, il sera tapissé intérieurement de plomb.

Nous emploierons, pour ce traitement, une solution de nitrocuprine. La nitrocuprine est composée de nitrate de cuivre $(NO^3)^2CU$, et d'un mordant qui augmente l'adhérence du produit sur les feuilles horizontales des sanves et autres plantes adventices.

La dissolution de nitrocuprine se fait à raison de 2,5 à 3,5 litres pour 100 d'eau, et l'on épand 800 à 1.000 litres de liquide par hectare. Ce traitement se fait lorsque la sanve a quatre à six feuilles, que le temps est sec et que l'on ne prévoit pas de pluie pendant quelques jours.

Voici le prix du traitement par hectare (nous ferons le compte pour 3 hectares et nous réduirons ensuite à l'unité, parce que le traitement se fait sur 3 hectares par jour) :

Nitrocuprine : 3×3 % kgs $\times$ 8 qx eau...... 216 »
1 homme .... 25 »
1 cheval .... 25 »
Amortissement du tonneau : $\dfrac{1.000}{10}$ .... 100 »

366 »
Intérêt du total à 6 %...................... 22 »

. Total des dépenses pour 3 hectares....... 388 »

$$\text{Soit par hectare :} \quad \frac{388}{3} = 129 \text{ fr. } 35$$

Comme on peut le voir, ce traitement est onéreux, mais il est probable que si l'on comptait le prix de tous les éléments fertilisants qu'exporteraient les sanves, le total serait encore plus élevé, ou tout au moins les bénéfices sur l'avoine seraient-ils sensiblement diminués.

Il nous semble, cependant, que le traitement à l'acide sulfurique (SO^4H^2) serait moins onéreux et qu'il produirait des effets au moins égaux sinon supérieurs. Cependant, si M. Galmel emploie la nitrocuprine pour préserver son avoine, c'est qu'il doit défendre aussi son lin et qu'il juge que cette plante ne résiste pas à SO^4H^2. Nous montrerons, en parlant du lin, que SO^4H^2 produit un excellent effet sur le lin.

La moisson et la récolte de l'avoine se feront comme celles du blé, ainsi que le battage. Nous espérons obtenir, si les conditions météorologiques ne nous sont pas trop défavorables, un rendement moyen de 25 quintaux de graines à l'hectare. Nous conserverons ce dont nous avons besoin pour la nourriture de nos chevaux, et le reste sera vendu. M. Galmel l'a vendue 120 francs le quintal, cette année.

Quelle quantité d'avoine devrons-nous conserver ?

Chevaux de trait : 8 k. $\times$ 10 ch. $\times$ 365 j. = 29.200 kgs
Chevaux de rente : 1 kg. 5 $\times$ 12 ch. $\times$ 90 j. = 1.620 »

Total............................ 30.820 kgs

Or, nous aurons récolté : 25 $\times$ 30 = 750 quintaux d'avoine.

Afin de ne pas être pris de court, nous conserverons un peu plus d'avoine, soit 35.000 kgs. Nous disposerons donc de 40.000 kgs de grains. Si nous le vendons à 120 francs les 100 kgs, le produit de la vente sera de : 400 $\times$ 120 = 48.000 francs.

Toute la paille sera conservée pour la production du fumier.

Afin de savoir si la culture de l'avoine est rémunératrice ou s'il nous serait plus avantageux d'acheter l'avoine nécessaire, nous allons faire un compte de la culture de l'avoine.

COMPTE DE LA CULTURE DE L'AVOINE

Dépenses par hectare :

Déchaumage :
    1 homme...................... 25 »
    3 chevaux : 3 $\times$ 25........... 75 »
    Instrument .... 10 »

    Par jour.................. 110 »

Par hectare : 2 × 110 (2 qx de blé par ha.)   220   »

Labour profond :
    1 homme.........................   25   »
    3 chevaux : 3 × 25.............   75   »
    Instrument   10   »

       Par jour...................   110   »

Par hectare : $\dfrac{110 \times 100}{30}$ 366   »

Fumier : $\dfrac{37 \times 50}{5}$ 370   »

Epandage : $\dfrac{50}{5}$ 10   »

    Par hectare...................   380   »   380   »

Engrais : $\dfrac{500 \times 27}{100}$ 485   »   485   »

Epandage :
    1 cheval...........   25   »
    1 homme...........   25   »
    Instrument   5   »

            55   »

Par hectare : $\dfrac{55}{3}$ 18

Semis :
    Semence : $\dfrac{150 \times 220}{100}$ 330   »
Semis :
    2 hommes..........   50   »
    2 chevaux..........   50   »
    Instrument   15   »

            115   »

      A reporter..........   330   »   1.469   »

Report..............		330 »	1.469 »
Par hectare : $\dfrac{115}{3}$		38 »	
		368 »	368 »

Hersage :

1 homme..........	25 »
2 chevaux..........	50 »
Instrument	10 »
	85 »

Par hectare : $\dfrac{85}{4}$ .... 21 »

Roulage (comme hersage)....................	21 »
Echardonnage	10 »
Essanvage	129 »
Garde des corbeaux....................	150 »

Récolte :

Détourage .... 5 »

Coupe :

3 chevaux..........	75 »
1 homme	25 »
Lieuse	10 »
Ficelle : 5 kgs 7....	35 »
	145 »

Par hectare : $\dfrac{145}{3}$ .... 48 »

Mise en dizeaux : $\dfrac{25}{4}$ .... 6 »

Rentrée :

3 voitures : 3 $\times$ 5...	15 »
7 chevaux : 7 $\times$ 25..	175 »
2 charretiers: 2 $\times$ 25	50 »
2 chargeurs : 2 $\times$ 25	50 »
3 déchargeurs: 3$\times$25	75 »
	365 »

A reporter.......... 59 » 2.168 »

Report.............	59	»	2.168 »

Par hectare : $\dfrac{365}{3}$ .... 122 »

	181	»

Total pour la récolte............... 181 »

Battage :

Matériel, amortissement, entre-
tien : par jour................ 300 »
Personnel : 10 $\times$ 25........... 250 »
Electricité .... 100 »
Ficelle : 8 $\times$ 7................ 56 »

Pour 100 quintaux.......... 706 »

Par 25 quintaux (1 ha.)............. 177 »

Imprévus et divers......................... 200 »
Location : 2 $\times$ 200..................... 400 »
Impôts, prestations, assurances............. 100 »

Total...................... 3.226 »

Intérêt du total à 6 %.................. 195 »

Total des dépenses par hectare d'avoine. 3.421 »

RECETTES

Grain : 25 $\times$ 120........................ 3.000 »
Paille : 35 $\times$ 30......................... 1.050 »

Total des recettes par hectare.... 4.050 »

BALANCE

Récettes .... 4.050 »
Dépenses .... 3.421 »

Bénéfice par hectare.... 629 »

PRIX DE REVIENT DU QUINTAL DE GRAINS D'AVOINE

$$\frac{AF \times CF}{BF \times E} = \frac{3.226 \times 3.000}{4.050 \times 25} = 95 \text{ fr. } 60.$$

Bénéfice par quintal : 120 — 95,60 = 24 fr. 40

PRIX DE REVIENT DU QUINTAL DE PAILLE

$$\frac{AF \times DF}{BF \times F} = \frac{3.226 = 1.050}{4.050 \times 35} = 23 \text{ fr. } 90.$$

Bénéfice par quintal de paille : 30 — 23,90 = 6 fr. 10

Il est donc plus rémunérateur de conserver pour nos chevaux l'avoine produite à la ferme que d'en acheter d'autre.

Lin (5 hectares)

Nous cultiverons du lin à Boutencourt uniquement comme plante commerciale ; la graine sera achetée chaque année et nous vendrons la récolte. C'est parce que cette culture est rémunératrice et rend bien dans la région que nous la ferons.

Nous trouvions autrefois, chez M. Galmel, une étendue plus grande de lin : 10 hectares au lieu de 5 actuellement. Cette restriction a eu lieu depuis un an seulement, à cause d'une récolte nettement déficitaire. Depuis, elles sont redevenues rémunératrices et peut-être retrouverons-nous 10 hectares de lin dans la ferme. Nous avons mis, dans notre assolement, le lin, avec l'avoine, en troisième sole. Cette plante demande à se trouver assez loin de la fumure de base à cause de la grande quantité d'azote qu'elle apporte. En effet, le lin, sans fuir l'azote, ne recherche pas précisément cet engrais ; ou mieux, il le recherche trop, car il prend tout ce qui est à sa portée ; il présente alors une filasse grossière, dure, et risque de verser.

Cette plante, grâce au peu de temps qu'elle passe dans le sol, ne lui prend pas énormément de matières fertilisantes. Mais il faut qu'au début de sa végétation elle se trouve dans un sol riche ou tout au moins moyen. C'est pour cette raison que nous avons placé sa culture en troisième sole.

Venant après betteraves et blé, le lin trouvera dans le sol un cinquième de la fumure de base, soit :

$$Az. : \frac{38 \times 5}{5} \ldots\ldots\ldots\ldots 38 \text{ kgs}$$

$$P^2O^5 : \frac{38 \times 2,5}{5} \ldots\ldots\ldots 19 \text{ kgs}$$

$$K^2O : \frac{38 \times 6}{5} \ldots\ldots\ldots 45 \text{ kgs } 6$$

$$CaO : \frac{38 \times 4}{5} \ldots\ldots\ldots 30 \text{ kgs } 4$$

Garola enseigne que le lin doit trouver dans le sol :

Az.	57 à 100 kgs
P^2O^5	50 »
K^2O	60 »

Afin que ces quantités soient respectées, nous introduirons dans le sol 500 kgs d'engrais d'Auby n° 1, ou nitrosalpétrine, dosant :

Az.	9 %
P^2O^4	6 %
K^2O	5 %

ce qui nous fera un total d'éléments fertilisants de :

$$Az. : 38 + 45 \ldots\ldots\ldots\ldots \quad 83 \text{ kgs}$$
$$P^2O^5 : 19 + 30 \ldots\ldots\ldots\ldots \quad 49 \text{ »}$$
$$K^2O : 45 + 25 \ldots\ldots\ldots\ldots \quad 70 \text{ »}$$
$$CaO \ldots\ldots\ldots\ldots\ldots\ldots \quad 30 \text{ »}$$

Comme on le voit, ces substances seront judicieusement fournies, sans excès. Les 70 kgs de potasse nous semblent même superflus, étant donné que le sol en renferme déjà pas mal. Cependant, c'est un engrais qui ne risque pas d'être entraîné dans le sous-sol et, par conséquent, cette dépense n'est pas perdue. Etant donné que M. Galmel restera toujours dans cette ferme, cette opération nous semble tout à fait louable. Il n'en serait pas de même s'il devait la quitter bientôt.

La préparation de la terre au semis de lin se fera le plus tôt possible ; cette plante demande un sol bien préparó ct bicn ameubli. Oes travaux commenceront après la moisson du blé ; nous donnerons, à ce moment-là, un déchaumage, puis nous laisserons reposer la terre jusque vers le milieu de l'hiver. Nous labourerons alors profondément (à 20 ou 25 centimètres). Nous laisserons la terre se « déliter » toute seule et nous ne reprendrons nos opérations qu'au printemps.

Nous commencerons par un hersage qui précèdera de peu le semis de la nitrosalpétrine d'Auby.

Afin de recouvrir les graines, nous donnerons un léger coup d'extirpateur. Puis, commenceront les différents travaux d'ameublissement du sol pour recèvoir la semence. Nous effectuerons alors, successivement : un hersage, un roulage, un hersage et enfin un dernier roulage pour rasseoir un peu la terre.

Au début de mars, autant que possible, nous ferons effectuer les semailles en nous disant que plus on sème tôt et plus on récolte de filasse. Ce semis sera effectué à la main ou semis à la volée. Comme semence, nous emploierons une variété que nous ferons venir de Russie au moyen d'agents belges : le *Géant de Kostroma*. Il nous semble excellent d'employer des semences venant de Russie ; mais il faudrait veiller à ce que la variété choisie soit d'une bonne adaptation sous nos climats et dans nos terres. Or le *Géant de Kostroma* ne semble pas réaliser parfaitement ces conditions ; il est originaire de la région d'Arkangel. Là-bas, il atteint souvent 1ᵐ40, ce n'est pas le résultat obtenu à Boutencourt. Ce ne serait du reste pas avantageux de produire des lins de telle dimension dans nos régions, mais cela prouve que le *Géant de Kostroma* ne se trouve pas dans un milieu favorable en France.

La variété de Riga semble réunir beaucoup plus de suffrages de la part des cultivateurs français. Ce dernier produit ordinairement une paille de 80 à 90 centimètres de hauteur. C'est celui qui a la meilleure valeur marchande. Un lin qui a 60 centimètres a une valeur marchande, à filasse d'égale qualité, d'un tiers inférieure à celui de 80 centimètres. Or, la filasse que l'on obtient dans la région ne dépasse pas 55 à 65 centimètres quand elle est produite par du *Géant de Kostroma*.

Cette semence sera mise en terre à raison de deux balles par hectare. Chaque balle est de 80 kgs et coûte 250 francs, soit 160 kgs de semence par hectare. Il semble que si l'on semait plus dru, le lin aurait plus de tendance à s'élever, et, par conséquent, on obtiendrait une filasse plus longue qui prendrait une plus grande valeur marchande.

Aussitôt après le semis, nous donnerons un hersage pour recouvrir un peu les graines, puis, dès que la terre sera ressuyée, nous ferons passer le rouleau sur les champs afin de bien rechausser les jeunes plantes. Une fois que le lin sera levé ainsi que les plantes adventices, nous ferons pratiquer l'échardonnage dans les conditions indiquées plus haut. Enfin, le dernier traitement sera l'essanvage, que nous effectuerons comme celui de l'avoine, c'est-à-dire au moyen de la nitro-cuprine.

Il nous semble qu'il serait aussi intéressant de faire ce traitement à l'acide sulfurique (SO'H'), mais M. Galmel craint que cette substance ne brûle son lin. M. Jannin a présenté à l'Académie d'agriculture une note sur la destruction de diverses plantes adventices dans un champ de lin par pulvérisation d'acide sulfurique. L'expérience a eu lieu en 1925 dans la Côte-d'Or. C'était d'ailleurs la première fois que l'on cultivait du lin dans cette région.

L'humidité persistante du printemps et la malpropreté des terres due à deux cultures précédentes de céréales avaient favorisé la levée et la croissance des plantes adventices.

Alors que les tiges avaient environ 15 centimètres, on fit, le 15 mai, une pulvérisation d'acide sulfurique à 10 %.

Cinq jours après le traitement, la plupart des chardons, laiterons, sanves, ravenelles furent complètement desséchés. Les tiges de lin, au contraire, avaient gardé leur belle couleur verte, et seul un examen attentif pouvait faire voir quelques feuilles jaunes à la base des tiges. Les semaines qui suivirent, le lin prit une belle avance et, le 15 juillet, il était possible de commencer l'arrachage.

Il est certain que sans l'application de ce traitement, la récolte eût été très compromise. Le lin paraît donc présenter une résistance à l'acide sulfurique au moins égale à celle des graminées. Sa tige unique et toujours dressée le rend, il est vrai, peu vulnérable, mais cette résistance tient également à sa constitution anatomique.

Il est facile de nous rendre compte, ici, si le traitement à l'acide sulfurique est plus ou moins avantageux que celui à la nitrocuprine (compte pour 5 hectares par demi-jour) :

$$SO^4H^2 : \frac{600 \times 10}{100} \times \frac{50}{54} \times 5 \text{ ha} \dots \dots \dots \dots \quad 277 \ 75$$

$$1/2 \text{ journée de 2 hommes} : \frac{2 \times 25}{2} \dots \dots \dots \quad 25 \ \text{»}$$

$$1/2 \text{ journée de 2 chevaux} : \frac{2 \times 25}{2} \dots \dots \dots \quad 25 \ \text{»}$$

Amortissement du tonneau à SO^4H^2 . . . . 50 »
  »   » H^2O 11 25

Total . . . . 389 »
Intérêt du total à 6 % . . . . 23 »

              412 »

$$\text{Dépense par hectare} : \frac{412 \ \text{»}}{5} = 82 \text{ fr. } 40$$

Comme on le voit, ce traitement est beaucoup moins onéreux que celui à la nitrocuprine. Mais, par contre, il est beaucoup plus dangereux pour les plantes et pour le personnel. Il nous semble donc plus intéressant de traiter par la nitrocuprine plutôt que de risquer un accident.

On abandonne ensuite le lin jusqu'à la récolte, qui se fait environ 100 jours après le semis. Autant que possible, on l'intercale entre la fenaison et la moisson. De cette manière, il n'y a pas de temps de perdu.

La récolte du lin doit se faire le plus rapidement possible ; aussi prend-on pour ce travail un nombreux personnel à tâche que l'on paye 1.000 fr. de l'hectare.

En général, le lin est vendu au moment de l'arrachage, mais, il y a deux ans, M. Galmel n'a pas trouvé à le vendre ainsi, et il a dû le faire rouir sur place.

Pour ce travail, le lin arraché a été étendu à terre. Quand il a été roui de ce côté, il a fallu le retourner ; un homme retournait un hectare et demi par jour. Le ramassage se fit à raison de 2 hectares par jour et par homme, puis le bottelage : un homme bottelait un hectare par jour. Ensuite la mise en meules : deux chevaux et deux hommes mettaient en meules 2 hectares par jour; enfin il a fallu faire la livraison sur wagons.

Le rendement fut, cette année-là, de 3.000 kgs à l'hectare, vendu 0 fr. 50 le kg., alors qu'en 1926 il fut de 5.000 kgs, vendus 1 fr. 20 le kg.

Il nous a semblé intéressant de comparer les deux récoltes.

COMPTE D'UN HECTARE DE LIN

(Récolte 1925)

DÉPENSES

Déchaumage : $\dfrac{2 \times 21 + 20}{2} + 380$............ 34 80

Labour : $5 (3 \times 21 + 20) + 3{,}70$........... 418 70

Hersage : $\dfrac{2 \times 21 + 20}{4} + 0{,}80$ 16 50

Engrais d'Auby : $\dfrac{500 \times 95}{100}$ .... 475 »

Semis d'engrais : $\dfrac{21 \times 20}{3} + 2{,}25$........... 15 95

Extirpage : $\dfrac{3 \times 21 + 20}{4} + 2{,}10$............. 22 85

Hersages : $\dfrac{2 \times 2 \times 21 + 20}{4} + 2 \times 0{,}8$..... 31 80

Roulages : $\dfrac{2 \times 2 \times 21 + 20}{5} + 2 \times 1{,}70$..... 28 40

Semence : 2×235...................... 470 »

Semis de graines : $\dfrac{20}{3}$ 6 65

Hersage : $\dfrac{2 \times 21 + 20}{4} + 0{,}80$ 16 50

Roulage : $\dfrac{2 \times 21 + 20}{5} + 1{,}70$............. 14 20

Echardonnage : $\dfrac{20}{2}$ .... 10 »

Report................ 1.561 35

R. G. 6

A reporter............... 1.561 35

Traitement à la nitrocuprine :

Nitrocuprine : 0,175 $\times$ 1.000..... 525 »
1 homme...................... 20 »
1 cheval .... 21 »
Amortissement du tonneau..... 19 »

$$\text{Soit par hectare} \dots \frac{585 \text{ »}}{3} = 195 \text{ »}$$

Arrachage .... 800 »

$$\text{Culbutage : } \frac{20}{115} \dots\dots 13\ 35$$

$$\text{Amassage : } \frac{20}{2} \dots\dots 20 \text{ »}$$

Mise en tas : 20 $\times$ 1..................... 20 »

$$\text{Mise en meules : } \frac{2 \times 20 + 2 \times 21}{2} \dots 41 \text{ »}$$

Chargement sur wagons................... 93 »
Valeur locative .... 320 »
Assurances-impôts .... 30 »
Imprévus .... 100 »

Total...................... 3.193 70
Intérêts du total à 6 %................. 191 60

Total des dépenses par hectare...... 3.385 30

RECETTES

Vente du lin : 3.000 $\times$ 0,50............... 1.500 »

BALANCE

3.385,30 — 1.500 = 1.885 fr. 30 de perte par **hectare**

Soit, pour 10 hectares : 18.853 fr.

COMPTE D'UN HECTARE DE LIN EN ANNÉE NORMALE

(1926)

DÉPENSES

Déchaumage : $2 \times 3 \times 25 + 25 + 2{,}60$ 202 60

Labour : $\dfrac{3 \times 25 + 25 \times 100}{30} + 3{,}70$ .... 337 »

Hersage : $\dfrac{2 \times 25 + 25}{4} + 0{,}80$ 19 55

Engrais d'Auby n° 1 : 5×172 .... 860 »

Semis d'engrais : $\dfrac{25 + 25}{3} + 2{,}25$ 15 60

Extirpage : $\dfrac{3 \times 25 + 25}{3} + 2{,}10$ 35 40

Hersages : $2 \times 19{,}55$ 39 10
Roulages : $2 \times 19{,}55$ 39 10
Semence : 2×250 .... 500 »

Semis de graines : $\dfrac{25}{3}$ 8 35

Hersage 19 55
Roulage 19 55
Echardonnage .... 10 »
Traitement à la nitrocuprine (avoine)........ 129 35
Arrachage du lin.......................... 1.000 »
Valeur locative : 2 qx $\times$ 200............... 400 »
Assurances, impôts .... 100 »
Imprévus .... 200 »

Total...................... 3.935 15

Intérêt du total à 6 % 236 10

Total des dépenses par hectare et par an. 4.171 25

RECETTES

Vente du lin : 5.000 × 1,20.................. 6.000 »

BALANCE

Recettes .... 6.000 »
Dépenses 4.171 25
                            ─────────
                            1.828 75

Comme on le voit, le lin rapporte autant en année normale qu'il fait perdre en année déficitaire. En résumé, c'est une culture d'intérêt variable.

Hors-sole

Nous mettrons la luzerne et le trèfle hors-sole, car nous laisserons la luzerne trois ans en terre et le trèfle dix-huit mois. Ces plantes ne peuvent suivre commodément l'assolement.

Luzerne (25 hectares)

La luzerne nous sera d'une grande utilité pour la nourriture de notre bétail bovin durant le temps qu'il passera à l'étable au cours de l'hiver. Le foin de luzerne est un aliment excellent, très estimé des bovins en particulier.

Cette plante viendra aussitôt après l'avoine de printemps et le lin avec lesquels elle sera semée. Appartenant à la famille des légumineuses et possédant des racines pivotantes, cette plante se trouvera particulièrement bien dans les terres les plus profondes de l'exploitation. Cependant nous n'aurons pas le loisir de la semer toujours dans les sols qui lui conviennent le mieux, à cause du nombre restreint de soles que nous avons faites sur les terres de la ferme.

On s'est aperçu, en effet, que la luzerne, quoiqu'enrichissant le sol en azote, l'épuisait. Aussi, recommande-t-on de ne pas la faire revenir plus souvent que tous les six ou huit ans dans le même sol. Pour cette raison, la luzerne aura sa place marquée exactement chaque année.

Grâce à son système radiculaire très développé, la luzerne aura l'avantage de puiser dans les couches profondes du sol les éléments qui auront été entraînés par les eaux de pluie. De plus, cette plante améliorera notre sol par un apport assez notable d'azote.

La variété de luzerne que nous emploierons pour notre semis sera la luzerne de Provence. Nous effectuerons le semis en lignes, tranversalement aux lignes d'avoine, à raison de 20 kgs de luzerne par hectare. Afin que notre luzernière se maintienne en bon état et ne risque pas de perdre de sa force par la présence des plantes adventices, nous donnerons, au début de la seconde année, un bon hersage. L'effet de ce travail est presque toujours immédiat, et, en quelques jours, la légumineuse reprend une force à peu près égale à celle de la première année.

La récolte sera faite à deux époques différentes: la première coupe aura lieu en juin, la seconde dans le courant du mois d'août. Nous ne ferons

jamais de troisième coupe ; nous nous contente-
rons de· faire pâturer le regain. Ce pâturage
n'aura pas lieu en troisième année, car nous enfouirons le regain après la seconde coupe.

Le fauchage de chaque coupe sera fait par des
faucheuses.

Une fois coupée, nous la laisserons deux ou trois
jours sur le sol sans y toucher. Après ce temps,
on la ramassera avec le râteau à cheval et on
en fera des meules pour en achever la complète
dessiccation et en préserver une partie en cas de
pluie. La luzerne une fois bien sèche sera rentrée
en vrac à la ferme.

Nous ferons le bottelage dans les greniers de
l'exploitation.

Ce procédé de rentrée des fourrages est assez
bon mais, cependant, il nous semble qu'il serait
préférable de faire des moyettes. Par le procédé
que nous avons indiqué, la luzerne perd une
grande partie de ses feuilles, partie très nutritive
dans la plante.

Le fanage par moyettes s'effectue d'abord en
fauchant au moyen d'une javeleuse qui fait directement des petits tas de luzerne. Des ouvriers
fabriquent alors les moyettes en liant les javelles
à leur tiers supérieur. On les dresse les feuilles
en haut, de façon qu'elles tiennent toutes seules,
on les laisse sécher ainsi dans les champs. Quand
elles sont sèches, on peut les lier par le milieu ou
les rentrer à la ferme. La luzerne peut attendre
dans les champs, même sous la pluie, sans perdre
de ses éléments nutritifs, tandis que le foin fané
par la méthode ordinaire, s'il est mouillé sur le

champ, perd de sa valeur et peut même moisir. On a vu de la luzerne en moyettes passer trois semaines sous la pluie et avoir une très jolie mine et une belle couleur. Voici une expérience qui a été faite à propos de l'appauvrissement du foin par la pluie : sur 100 kgs de matières sèches :

	Foin séché aveo soin Parties assimilables	Foin mouillé Parties assimilables
Matières azotées....	12,2	9,9
Mat. hydrocarbonées	29,1	27,4
Cellulose	15,3	15,4

En outre, mouillée, la luzerne perd 7 % de son poids.

La luzerne récoltée suivant le procédé ordinaire que l'on pratique encore à la ferme de Boutencourt perd une grande partie de ses feuilles et de ses fleurs, ce qui n'existe pour ainsi dire pas avec les moyettes. Or, ces deux éléments tiennent une place des plus importantes dans la composition de la luzerne, comme on peut en juger par l'analyse ci-dessous :

1 kg. de matière sèche donne en azote :

Fleurs	46 gr. 9
Feuilles	42 gr. 7
Tiers supérieur de la tige...	24 gr.
2/3 inférieurs	15 gr. 5
Ce qui reste sur les champs.	39 gr.

On peut juger par là de l'importance capitale d'un bon fanage.

Le seul inconvénient que présente la mise en moyettes est le temps un peu plus long que cela demande par rapport au fanage ordinaire. En effet, la javeleuse va aussi vite que la faucheuse pour couper, mais il faut plus de temps pour faire les moyettes que pour retourner simplement le foin ; mais, par contre, le liage va plus vite qu'effectué dans les greniers ; puis, le chargement des voitures est plus rapide, ainsi que le déchargement et le tassage. Malgré tout, nous devons reconnaître la célérité un peu plus grande du fanage pratiqué actuellement à la ferme de Boutencourt.

Les rendements de la luzerne y sont évalués comme suit :

	1re année	2e année	3e année
1re coupe	2.500 kgs	4.000 kgs	4.000 kgs
2e année	1.500 »	2.000 »	2.000 »

Comme on le voit, ces rendements sont bons, sauf pour la première année, où la luzerne ne rend pas énormément à cause de son départ assez lent. Il y aurait moyen d'y remédier en semant en mélange avec elle un peu de sainfoin, cette plante en effet s'élance vite. En supposant que nous obtenions ainsi, la première année, un rendement égal à celui des deux autres, serait-il avantageux d'employer ce système ? La graine de sainfoin vaut actuellement 230 francs le quintal et il faudrait en semer environ 50 kgs à l'hectare, soit :

$$\frac{50 \times 230}{100} = 115 \text{ francs de dépense en plus par}$$

hectare. Il faut encore ajouter un semis, soit :

$$\frac{25 + 25}{4} = 12 \text{ fr. } 50. \text{ Au total : } 127 \text{ fr. } 50 \text{ de}$$

dépense en plus.

On récolterait, la première année : 1.500 + 500= 2.000 kgs de foin en plus. Le foin de sainfoin valant actuellement 550 francs les 1.000 kgs, le bénéfice serait encore de : 550 × 2 — 127,50 = 972 fr. 50.

Il nous semble que le mélange serait intéressant.

Après la deuxième coupe de la troisième année, nous retournerons notre luzerne par un labour assez profond, de 25 à 30 centimètres. Pour ce labour, comme pour l'enfouissement du fumier, nous munirons notre brabant d'une rasette, afin que les tiges de la luzerne tombent bien dans le fond du sillon.

Après une culture de légumineuse, nous mettrons toujours un blé. Les betteraves, en effet, seraient fourchues à cause des racines de luzerne et le sol est alors trop riche pour porter une avoine qui verserait presque certainement.

Trèfle flamand (7 hectares)

Tous les ans, nous cultiverons un peu de trèfle consommé à l'état vert par nos bestiaux. Durant l'été, nous en faucherons une bonne partie. Le trèfle sera semé, comme la luzerne, dans l'avoine ou le lin, à raison de 20 kgs à l'hectare. Il sera conservé un an, puis nous l'enfouirons dans les mêmes conditions que la luzerne. Nous ferons deux coupes dans l'année.

Le défrichement sera effectué de décembre à février. Après un trèfle, viendra toujours un blé pour les mêmes raisons que nous avons exposées à propos de la luzerne.

Ici une question intéressante se pose : savoir si nous produisons à Boutencourt suffisamment de fourrages pour donner à notre bétail les quantités suffisantes.

Il sera consommé tous les ans par le bétail à la ferme :

Par les chevaux de culture : 8 × 365 × 10.   29.200 kgs
Par les poulains de rente : 12 × 180 × 5..   10.800 »
Par les vaches laitières : 52 × 210 × 6....   65.520 »
Par les génisses : 75 × 210 × 3............   47.250 »

Soit au total pour toute la ferme..   152.770 kgs

Or, les prairies artificielles nous donnent :

8 ha. 3 de première coupe de luzerne :
   8,3 × 4.000.........................   33.200 kgs
16 ha. 7 de deuxième et troisième coupes
   de luzerne : 16,7 × 6.000...........   100.200 »
7 ha. de trèfle, comme une première coupe
   de luzerne : 7 × 4.000..............   28.000 »

Soit au total.....................   161.400 kgs

Comme on le voit, nous aurons un excédent de 8.630 kgs, que nous conserverons pour le cas imprévu où nous pourrions en avoir besoin et aussi, comme nous l'avons dit, pour les lapins de notre vacher.

Prairies naturelles (50 hectares)

Les prairies naturelles sont de nature assez diverse, selon leur emplacement. Celles du fond de la vallée sont arrosées par l'Aunette et sont en certains endroits un peu marécageuses. Elles serviront à la pâture de nos vaches, l'après-midi.

L'amélioration de telles prairies serait fort onéreuse, même avec les subventions que veut bien
accorder l'Etat en de telles circonstances. Heureusement qu'elles n'occupent que des surfaces
assez minimes, aux abords immédiats de la rivière.

Le matin, les vaches seront mises dans les herbages les plus sains, sur les pentes douces et suffisamment recouvertes de terre végétale. Deux
sortes d'herbages se présentent ainsi : ceux qui
sont près et ceux qui sont loin de la ferme. Les
plus rapprochés serviront aux vaches laitières, les
plus éloignés recevront les élèves. Nous faisons
cette distinction, parce que les vaches laitières
seront rentrées deux fois par jour à la ferme pour
la traite.

Parmi les prairies de la ferme, une troisième
sorte est située sur les pentes les plus raides,
celles-là seront réservées aux poulains. Ainsi les
muscles se trouveront exercés et développés. Ces
derniers herbages reposent directement sur la
craie, ce sont donc les plus calcaires. Cette parti-
cularité favorisera le développement du système
osseux de nos jeunes animaux.

Dans les prairies situées sur les pentes, la flore
est bonne ; on y trouve abondamment :

Poa pratensis	Paturin des prés.
Anthoxanthum odoratum...	Flouve odorante.
Bromus mollis	Brome mou.
Trifolium pratensis	Trèfle des prés.
Trifolium repens	Trèfle rampant.
Rumex acetosella	Rumex petite oseille.
Equisetum pratense	Carex des prés.
Bella perennis	Paquerette.
Vicia sepium	Vesce des haies,

Heureusement, ces quatre dernières plantes y sont très rares. On peut juger par les autres de la qualité des herbages. La présence de trèfle y est remarquable. Les prairies du fond de la vallée ne sont pas semblables et nous y trouvons quelques spécimens de :

Iris pseudacorus...........	Iris faux-acore.
Veronica beccabunga......	Véronique beccabunga.
Carex paludosa...........	Carex des marais.
Carex ampullacea........	Carex en ampoule.
Caltha palustris...........	Caltha des marais.

Il est facile de se rendre compte, par ces différents noms de plantes, de la qualité des herbages de la vallée : ces herbages sont marécageux. Heureusement n'y rencontre-t-on pas la colchique d'automne, plante toxique pour le bétail.

Les prairies destinées aux vaches laitières sont plantées de pommiers. Nous ne chercherons pas à vendre de cidre, mais tout le cidre que nous fabriquerons sera consommé par les ouvriers de la ferme. Le ramassage des pommes sera fait par des femmes et des gamins, à raison de 1 franc par 50 litres de pommes. La fabrication du cidre se fait à Boutencourt comme partout ailleurs.

L'entretien des herbages est simple et facile. Nous donnerons un hersage au printemps pour aérer le sol et répandre les bouses. Au mois de juin, nous ferons faucher les chardons pour les empêcher de se resemer.

La restitution des éléments fertilisants exportés, déjà faite en partie par les déjections des animaux et le purin apporté, sera achevée par l'apport tous

les ans de 800 kgs de phosphocalcaire Bernard ou
de scories, contenant tous deux :

$$P^2O^5 \dots \dots \dots \dots 16\,\%$$
$$CaO \dots \dots \dots \dots 50\,\%$$

(Pour le calcul de la restitution de ces éléments,
cf. chapitre Restitution.)

Ces prairies peuvent entretenir en moyenne
deux bêtes par hectare. Il nous a semblé intéressant de savoir quelle est la part de chaque animal,
dans l'entretien de ces prairies.

COMPTE DE PRAIRIES NATURELLES

2 bêtes par hectare

Valeur locative : 2 × 200 (2 qx de blé par ha.)	400	»
Impôts, assurances, prestations	100	»
Clôtures	50	»
Hersage :		
1 homme	25 »	
2 chevaux : 25 × 2	50 »	
Amortissement	1 »	
	76 »	

$$\text{Par hectare} \dots \dots \frac{76}{5} = 15\ 20$$

$$\text{Scories} : \frac{8 \times 23}{6} \dots \dots \dots 30\ 80$$

	596	»
Intérêt du total à 6 %	36	»
Total des dépenses par an et par hectare.	632	»

$$\text{Soit par bête} : \frac{632}{2} = 316 \text{ fr.}$$

CHAPITRE VII

Le Bétail à la Ferme de Boutencourt

Introduction

Nous rappelant la vieille formule :

> Sans fumier, pas de récoltes.
> Pas de bétail, pas de fumier.

nous chercherons à pourvoir la ferme d'un bétail aussi nombreux que possible, sans toutefois que celui-ci soit là simplement pour faire du fumier.

Nous demanderons à notre cheptel des services tels que travail ou production de matières commerciales : lait, beurre, etc.

§ I. — **BETAIL DE TRAVAIL**

Le bétail de travail de la ferme de Boutencourt se compose essentiellement de chevaux. Les bœufs, quoique fournissant un excellent travail, sont trop lents pour être utilisés avantageusement dans une ferme de grande culture comme celle de Boutencourt.

On compte en général qu'il faut un cheval par 10 hectares de culture, pour bien cultiver une ferme sans trop fatiguer le bétail qui sert à son exploitation.

En appliquant ce principe, nous devrions trouver 12 à 13 chevaux à la ferme de Boutencourt. Il nous semble plus avantageux de n'en avoir que 10 que nous choisirons et soignerons de telle façon qu'ils fournissent le travail de 12.

Dans ce but, nous choisirons une race active, forte et qui s'entretienne assez facilement en bon état d'embonpoint. Cette dernière clause nous fait renoncer aux gros Ardennais belges, que l'on trouve assez couramment dans la région, où les terres sont fortes et difficiles à travailler. Du reste, les sujets de cette race, assez lents, nous obligeraient, pour terminer nos travaux en temps voulu, à prendre un nombre supérieur à 10.

Deux races pourraient trouver leur emploi dans cette ferme : le boulonnais et le percheron. Nous choisirons le percheron, plus susceptible que le boulonnais de fournir de gros efforts nécessaires pour tirer les lourdes charges sur des terrains en pentes comme le sont tous les chemins des environs de Boutencourt.

Parmi les percherons, nous prendrons des chevaux entiers, plus vifs, et par conséquent plus ardents au travail.

On a souvent critiqué l'emploi des chevaux entiers, parfois un peu brusques et même dangereux, mais nous les préférons à cause de leur plus grande hardiesse.

A la ferme de Boutencourt, où l'on dispose de charretiers assez adroits, nous ne voyons pas d'inconvénients à employer des percherons entiers.

Ces chevaux seront achetés à cinq ans et revendus après usure, pour la boucherie, à l'âge de vingt-cinq ans, pour 1.500 francs (prix de 1926). Un percheron en pleine force, vers cinq ans, vaut actuellement dans les 6.000 francs. Si nous achetons des chevaux à cet âge, c'est parce qu'il n'est pas intéressant, nous semble-t-il, d'acheter de jeunes chevaux qu'il faudrait entretenir un an ou deux dans les prairies, où ils risqueraient, avant même d'avoir commencé à travailler, de subir un accident qui pourrait occasionner une perte sèche. De plus, on ne sait jamais ce que deviendra exactement un jeune poulain. En achetant à cinq ans, on se rend mieux compte de la valeur de l'animal et l'on a moins de chances de se tromper dans l'achat.

Nos chevaux travailleront environ 280 jours par an. Pour qu'ils puissent fournir le gros travail que nous leur demandons, leur ration consistera, dans la moyenne de l'année, en :

		Mat. sèche	Protéine	Val. amidon
Avoine	8 k.	6,936	0,640	4,776
Foin	8 k.	6,664	0,936	2,064
Paille	8 k.	6,856	0,016	0,92
		20,456	1,592	7,76
Norme		14.95	0,91	7,64

Cette relation nutritive sera peut-être jugée un peu large, mais si nous l'avons conçue ainsi, c'est afin de n'être pas pris de court pour la nourriture attribuée à notre écurie, car n'est-il pas toujours préférable d'avoir de l'excédent en matière d'alimentation ? Et puis, rappelons-nous que nous demandons à nos 10 chevaux le travail de 12.

R. G.

Enfin, si pour une cause quelconque, imprévue, nous étions obligés de diminuer cette alimentation, nous aurions encore une certaine marge avant d'arriver à la norme.

Suivant l'époque et l'état de nos récoltes, quelques modifications pourront être apportées à ces rations ; par exemple, de mai à juillet, les chevaux n'ont pas à fournir un travail excessif, nous en profiterons pour les rafraîchir en leur distribuant différents aliments, tels que trèfle rouge, par exemple.

En un mot, nous règlerons le plus rationnellement possible la nourriture selon nos productions et le travail exigé de nos attelées.

Mais des chevaux ne se maintiennent pas en bonne santé sans soins, surtout si on leur demande de la surproduction de travail. Nous exigerons donc de nos charretiers que ces animaux soient toujours tenus dans un état de propreté méticuleuse.

Tous les matins, avant le départ pour le travail, les chevaux seront soigneusement étrillés et brossés. S'ils rentrent en sueur, ou mouillés par la pluie, ils seront bouchonnés avec soin, afin d'éviter tout refroidissement pouvant occasionner des coliques et immobiliser le cheval pendant un jour ou deux.

Tous les jours, le fumier sera sorti de l'écurie et on préparera tous les soirs une bonne litière pour la nuit.

Enfin la principale chose que nous exigerons de nos charretiers, c'est la douceur ; par ce moyen, nous arriverons à avoir des chevaux, mêmes entiers, tranquilles et doux.

Les terres se trouvant en partie sur de l'argile à silex et les voyages sur route étant assez fréquents, il sera utile de veiller de près à la ferrure de nos chevaux, afin de ne pas trop leur abîmer les pieds. On sait, en effet, avec quelle facilité les percherons arrivent à avoir des pieds plats ou des seimes. Pour ces raisons, les chevaux seront conduits chez le maréchal de Boutencourt toutes les six semaines au moins, et plus souvent s'il le faut, afin de revoir les fers, soit environ huit fois par an.

Les harnachements seront soigneusement revisés de temps en temps et réparés chez le bourrelier du village, chaque fois que le besoin s'en fera sentir. Un harnachement négligé coûte très cher à cause de son usure et des blessures qu'il occasionne.

Grâce aux chiffres qu'a bien voulu nous fournir M. Galmel, nous avons pu établir un compte nous fournissant le prix de revient de la journée de travail du cheval.

Le résultat de ce compte nous fournit une moyenne pour l'écurie de la ferme, ce qui nous a permis de faire des comptes de culture.

PRIX DE LA JOURNÉE DE TRAVAIL D'UN CHEVAL

EN 1926-1927

Les chevaux travaillent 280 jours par an.

DÉPENSES

Nourriture :

$$\text{Avoine : } \frac{8 \times 120}{100} \quad \ldots\ldots\ldots\ldots \quad 9 \ 60$$

Fourrage : $8 \times 0,50$............ 4 »

Paille : $8 \times 0,30$................ 2 40

                                 16 »

Total des dépenses de nourriture par an :

365 × 16................................. 5.840 »

Ferrure : $0,75 \times 365$...................... 273 75

Harnais : 1×365......................... 365 »

Vétérinaire .... 20 »

Ecurie (entretien du bâtiment, éclairage, matériel, etc.) .... 70 »

Main-d'œuvre : $1,25 \times 365$.................. 456 25

Impôts .... 20 »

                               7.045 »

Intérêts du total à 6 %.............. 440 25

$$\text{Amortissement : } \frac{6.000 - 1.500}{20} \quad \ldots\ldots\ldots \quad 225 \text{ »}$$

Total des dépenses par an et par cheval. 7.710 25

RECETTES

$$\text{Fumier : } \frac{14.300 \times 50}{1.000} \quad \ldots\ldots\ldots\ldots\ldots \quad 715 \text{ »}$$

Balance : 7.710 — 715 = 6.995 fr. 25

Prix de revient de la journée de travail :

$$\frac{6.995,25}{280} = 24 \text{ fr. } 98$$

Soit environ 25 fr. par jour et par animal.

§ II. — **ANIMAUX DE RENTE**

Chevaux

En outre des chevaux de culture, nous ferons une spéculation sur les jeunes poulains ; nous achèterons ceux-ci à l'âge de six mois et nous les revendrons un an après.

Mais nous ne garderons pas ces animaux, même les meilleurs, comme chevaux de travail pour la ferme. C'est une spéculation toute particulière que nous ferons sur les poulains, tout à fait en dehors de celle des chevaux de travail.

Ces jeunes poulains seront achetés aux nombreuses foires qui ont lieu tous les ans dans la région du Perche. En 1926, on a acheté douze poulains à un prix moyen de 2.700 francs pièce. On compte les revendre cette année pour 3.800 à 4.500 francs.

Afin que ces poulains expatriés ne souffrent pas trop de leur déplacement, nous leur donnerons une nourriture assez forte. Ils passeront toute l'année qu'ils doivent rester à la ferme, en pâture. Comme l'herbe n'est pas toujours d'une abondance extrême, dans ces prairies, pendant les trois mois d'hiver nous distribuerons à nos poulains quotidiennement :

Avoine .... 1 kg. 5
Foin .... 5 kgs
Paille .... 5 kgs

Enfin, pendant trois autres mois, nous leur distribuerons :

Foin .... 5 kgs
Paille .... 5 kgs

Le reste du temps, l'herbe de la prairie suffira à leurs besoins.

Nous aurons soin de visiter le plus souvent possible nos poulains pour éviter qu'il ne leur arrive d'accidents.

COMPTE DE L'ÉLEVAGE D'UN POULAIN

DÉPENSES

1° Achat .... 2.700 »
2° Nourriture pendant trois mois :

Avoine : $\dfrac{1,5 \times 120}{100}$ 1 80

Foin : $5 \times 0,50$ 2 50
Paille : $5 \times 0,30$ 1 50

Soit pour 3 mois : $90 \times$ 5 80 = 522 »

3° Nourriture pendant trois mois :
Foin : $5 \times 0,50$ 2 50
Paille : $5 \times 0,30$ 1 50

Soit pour 3 mois : $90 \times$ 4 » = 360 »

4° Impôts, assurances, divers.............. 30 »
5° Vétérinaire .... 10 »
6° Herbage (voir compte prairies)........... 316 »

7° Main-d'œuvre : $\dfrac{2,50 \times 365}{2 \times 12}$ .... 38 »

3.976 »

8° Intérêt des sommes dépensées à 6 %.... 240 »

Total des dépenses par an et par cheval. 4.216 »

RECETTES

Vente .... 4.200 »
Fumier : 5×50......................... 250 »

4.450 »

Balance : 4.450 — 4.216 = 234 fr.
Bénéfice par cheval: 234 fr. ; pour 12 poulains: 2.808 fr.

Vaches

La ferme de Boutencourt ne se trouvant pas trop loin de Paris, les sociétés qui ramassent le lait à la porte de la ferme, pour l'expédier ensuite sur la capitale, ne manquent pas. Aussi, en raison de l'écoulement facile et assuré de ce produit, trouvons-nous dans cette ferme une vacherie assez importante. Elle est composée ordinairement de :

Taureaux	2
Vaches	50
Génisses	75

Le lait étant vendu complètement en nature, il n'est pas besoin qu'il soit bien riche en matières grasses ; par conséquent la seule qualité que nous exigerons de nos vaches sera de produire de grandes quantités au détriment de la qualité s'il le faut. Aussi, tant par la sélection que par la nourriture, nous dirigerons nos efforts sur la quantité.

Nous choisirons donc comme race, pour peupler notre vacherie, la hollandaise, qui répond parfaitement à nos désirs.

C'est une excellente vache que la hollandaise pure ; ses seuls défauts sont, nous semble-t-il, d'être un peu trop délicate et difficile quant à la nourriture. En dehors de cela, c'est une bête incomparable qui fournit une grosse quantité de lait et qui se vend bien.

Un inconvénient que nous voyons à l'élevage de cette race est qu'il est actuellement difficile d'acheter de jeunes bêtes. Seuls les taureaux peuvent être importés de Hollande. On en a profité l'année dernière, pour en faire venir un par l'intermédiaire du Syndicat de Chaumont. On l'a payé 2.500 francs à l'âge de six mois. Il est fils d'une très bonne vache qui aurait donné jusqu'à 8.000 litres de lait dans une lactation.

Le taureau qui fait la saillie actuellement à la ferme de Boutencourt provient d'un élevage des environs. Le troupeau a été amélioré il y a quatre ans, alors que la frontière de Hollande n'était pas fermée aux génisses, par un lot de douze jeunes bêtes, qui figurent maintenant parmi les meilleures laitières de la ferme.

Nos vaches seront vendues après leur quatrième veau. On a souvent critiqué cette pratique en argumentant que c'était après leur sixième veau qu'elles donnaient la plus grande quantité de lait. Nous le reconnaissons entièrement, mais on se trouve ici dans un cas de force majeure. Pour vendre une bête comme parisienne, et c'est bien ce que désire faire M. Galmel, il vaut mieux la vendre après son quatrième veau. Nous devons donc nous soumettre, car, en dehors de la vente comme parisienne, seule la boucherie nous défera de nos bêtes. Or, une bonne vache vendue comme parisienne vaut au moins 4.500 à 5.000 francs. Au contraire, une vache vendue à la boucherie, au même moment, ne vaut plus de 5 francs le kilo, soit environ 3.250 francs, puisqu'une hollandaise pèse dans les 650 kgs. On comprend aisément que M. Galmel ne vende à la boucherie que les bêtes qui ont subi un accident.

Nous mènerons nos génisses au taureau à l'âge de vingt-sept mois environ. Nous ne sommes nullement partisans de les faire saillir à dix-huit mois, comme en Hollande, ou comme les gens qui cherchent à obtenir de leurs vaches un revenu le plus tôt possible. On obtient par ce procédé des bêtes qui se développent peu et donnent des produits souvent difficiles à écouler.

La saillie de toutes nos vaches aura lieu en décembre ou janvier, afin que la mise-bas se fasse dans le courant du mois d'octobre. De cette façon, c'est en hiver que nous obtiendrons la plus grande quantité de lait.

Nos veaux mâles seront vendus à la boucherie quelques jours après leur naissance, pour un prix moyen de 150 à 200 francs.

Les meilleures femelles seront conservées pour renouveler la vacherie de la ferme. Tous les ans, nous comptons obtenir 25 génisses environ. Nous vendrons nos vaches les moins bonnes, de façon à conserver toujours le même nombre de bêtes laitières.

Afin de pousser le plus possible à la production du lait, selon ce que nous avons dit plus haut, nous donnerons à nos vaches une ration forte qui se composera, pendant cinq mois de l'année, de :

		Mat. sèche	Protéine	Val. amidon
Betteraves	40 k.	4,800	0,320	2,520
Foin	6 k.	4,998	0,702	1,548
Paille	5 k.	4,285	0,010	0,575
Tourteau arachide	1 k. 5	1,353	0,600	1,135
		15,436	1,632	5,778

La norme est, pour les vaches de 650 kgs donnant 10 litres de lait : mat. sèche, 16,25 ; protéine, 1,30 ; val. amidon, 6,89. Ce qui fournit une ration un peu inférieure à la norme pour des animaux fournissant par jour une moyenne de 10 litres de lait. Surtout étant donné que cette ration sera distribuée entre le 15 octobre et le 15 janvier, moment où les vaches venant de vêler donneront une quantité de lait supérieure à 10 litres par jour, probablement.

Il faudrait donc, à ce moment-là, augmenter la ration assez sensiblement ; cela pourrait se faire aisément, nous semble-t-il, en donnant aux vaches soit 3 kgs de tourteaux au lieu de 1,5, ou bien en ajoutant à la ration 2 kgs de sucrazote, comme nous l'avons vu faire dans plusieurs fermes des environs.

Pendant deux mois par an, la ration sera un peu modifiée et se composera de :

		Mat. sèche	Protéine	Val. amidon
Pulpes .:.........	70 k.	8,120	0,350	4,450
Paille	5 k.	4,285	0,010	1,575
Foin	6 k.	4,998	0,702	1,548
Tourteau arachide	1 k. 5	1,353	0,600	1,135
		18,756	1,662	8,708

Bonne ration un peu supérieure à celle nécessaire pour une vache qui donne une moyenne de 10 litres de lait par jour. Cette ration serait mieux appliquée au moment suivant juste la gestation. Cependant, elle est bien équilibrée, et s'applique très bien au moment où les vaches fournissent encore une quantité assez considérable de lait,

Durant les cinq autres mois de l'année, nos vaches seront en pâture et ne recevront rien d'autre que l'herbe des prairies.

Le lait que nous obtiendrons servira en partie à la nourriture des génisses pendant les premiers temps de leur existence ; le reste sera vendu à la « Société des Fermiers réunis », qui le prendra deux fois par jour à la porte de la ferme. Ce lait nous sera payé au prix d'écart sur la vente à Paris.

Si le lait vaut plus de 1 fr. 10 à Paris, il sera payé au producteur 0 fr. 30 de moins que dans la capitale. S'il vaut entre 1 fr. 10 et 0 fr. 90 le litre, on le payera 0 fr. 25 de moins qu'à Paris. Il avait été question de ristourne qui n'ont jamais été mises en pratique.

Ainsi le prix moyen du lait pour l'année 1926 a été de 0 fr. 80, ce qui n'est pas très bien payé, il faut l'avouer.

Le rendement en lait a été, l'année dernière, de 150.000 litres en dix mois. La vacherie se composant de 50 bêtes, la quantité de lait produite par vache est donc en moyenne de 3.000 litres, soit par conséquent 10 litres par jour et par animal. On peut juger par là de la qualité du troupeau de la ferme de Boutencourt.

CHAPITRE VIII

RESTITUTION

RESTITUTION AUX TERRES

Tout agriculteur sait que les plantes qu'il cultive ont besoin de se nourrir et que cette nourriture est puisée en grande partie dans le sol. Nous devrons donc nous arranger pour qu'elles puissent trouver dans nos terres tous les éléments fertilisants dont elles auront besoin pour fournir leur rendement maximum.

Ces éléments, nous devrons les restituer au sol chaque fois qu'une récolte se sera formée à ses dépens. Or, parmi les éléments dont toute plante a besoin, quatre sont particulièrement indispensables à restituer : azote, acide phosphorique, potasse et chaux. Les autres substances se trouvent naturellement dans presque tous les sols.

Pour être utiles, ces éléments doivent se trouver dans le sol dans un certain rapport. S'il manque une partie de l'un de ces éléments, la loi du minimum entre en jeu et les plantes ne profitent des autres que s'ils restent dans le même rapport, en prenant pour base l'élément en moins grande quantité. Les substances qui se trouveront dans le sol en sus de ce rapport seront donc inutiles et seront parfois à la merci des eaux de pluie.

Nous devrons donc mettre dans le sol les éléments nécessaires, non en doses quelconques, mais avec discernement, afin de ne pas les gaspiller et par le fait même, dépenser inutilement notre argent.

Nous allons calculer les quantités d'éléments fertilisants enlevés par les plantes dans notre sol, chaque année :

NATURE DES RÉCOLTES	NOMBRE D'HECT.	RENDEMENT		ÉLÉMENTS EXPORTÉS PAR LES PLANTES								
				AZOTE		ACIDE PHOSPHOR.		POTASSE		CHAUX	
		A l'Ha	Total	°/oo	Total	°/oo	Total	°/oo	Total	°/oo	Total
Betteraves sucrières	15	25.000	375.000	1,4	525	1	375	2,4	900	0,6	225
Betteraves 1/2 suc...	15	45.000	675.000	1,1	742,5	0,7	472,5	2,8	1.890	0,3	201,5
Blé........ { Grain.	35	2.500	87.500	20,8	1.820	7,9	691,2	5,2	455	0,5	437,5
{ Paille.		5.000	175.000	4,8	840	2,2	385	6,3	1.102,5	2,7	472,5
Avoine.... { Grain.	30	2.500	75.000	17,6	1.320	6,5	487,5	5	375	1	75
{ Paille.		3.500	105.000	5,6	588	2,3	241,5	16,3	1.711,5	4,3	451,5
Lin...............	5	5.000	25.000	6,	150	4,9	122,5	10	250	10	250
Luzerne sèche......	25	5.333	133.325	23,	3.066,5	5,3	706,5	14,6	1.946,5	25,3	3.374
Trèfle vert.........	7	5.333	37.331	4,8	179,2	1,2	45	5,1	190,5	2,6	97
Total.........					9.221,2		3.526,7		8.821		5.587
Prairies naturelles..	50	7.000	350.000	5,6	1.960	1,4	490	1,4	490	2,5	875

D'après ce tableau, nous constatons que nos récoltes enlèvent au sol :

$$Az. \dots\dots\dots\dots\dots\dots\dots\dots \quad 9.221 \text{ kgs } 2$$
$$P^2O^4 \dots\dots\dots\dots\dots\dots\dots \quad 3.526 \text{ kgs } 7$$
$$K^2O \dots\dots\dots\dots\dots\dots\dots \quad 8.821 \text{ kgs}$$
$$CaO \dots\dots\dots\dots\dots\dots\dots \quad 5.587 \text{ kgs}$$

Les prairies naturelles qui ne rentrent pas dans l'assolement exportent :

$$Az. \dots\dots\dots\dots\dots\dots\dots \quad 1.960 \text{ kgs}$$
$$P^2O^5 \dots\dots\dots\dots\dots\dots\dots \quad 490 \text{ »}$$
$$K^2O \dots\dots\dots\dots\dots\dots\dots \quad 490 \text{ »}$$
$$CaO \dots\dots\dots\dots\dots\dots\dots \quad 875 \text{ »}$$

Ces éléments, nous les restituerons au sol par différents engrais :

Fumier

Le fumier est l'engrais par excellence, c'est lui qui enrichissait toutes les terres avant ces dernières années où des progrès considérables ont été faits dans l'emploi des engrais chimiques. Il fournit la matière humique, indispensable pour la nutrition des bactéries nitrifiantes et fixatrices d'azote.

En outre, le fumier a l'avantage d'améliorer les propriétés physiques du sol, s'il est appliqué avec discernement. Un fumier léger et pailleux comme celui du cheval, apporté dans une terre argileuse, la rend plus perméable. Le contraire se produit lorsqu'on met du fumier bien décomposé et froid comme celui des bovidés dans une terre un peu siliceuse. Tous les matins, le fumier sera sorti des écuries et des étables et répandu en couches bien régulières sur la fumière. Afin que la fermentation se fasse mieux, nous ferons piétiner le tas de fumier ; pour cela, nous lâcherons tous les jours, pendant une heure ou deux, les vaches dessus, ce qui leur permettra en même temps de prendre l'air.

Le fumier sera transporté dans les champs à temps perdu et surtout quand la place sera libre. De toute manière, nous nous arrangerons pour qu'il soit complètement épandu avant de commencer les labours d'hiver. Nous le ferons épandre par des gens que nous prendrons à la tâche, et que nous paierons 50 francs de l'hectare.

ÉVALUATION DU FUMIER PRODUIT A LA FERME

Il est difficile d'évaluer exactement la quantité de fumier que peut produire le cheptel vivant d'une ferme ; cependant, on peut se rendre compte approximativement de cette quantité. Nous emploierons, pour cela, l'une des méthodes les plus simples, celle de Girardin, qui consiste à multiplier le poids vif de chaque animal de la ferme par 27 pour les vaches et par 22 pour les chevaux. Nous compterons ici tout le fumier des chevaux à cause de la disposition des terres tout autour et juste contre la ferme. De cette façon, aucune déjection ou fort peu du moins est perdue. Le fumier de génisse n'est compté que pour sept mois, car le reste du temps les bêtes sont en pâture.

Le fumier des poulains n'est pas compté, car il reste sur les prairies.

R. G.

Voici ce que nous trouvons pour nos animaux :

10 chevaux de 650 kgs : 650 $\times$ 10 $\times$ 22..   143.000 kgs

52 vaches et taureaux de 600 kgs :

$$600 \times 52 \times 27 \times \frac{3}{4} \dots\dots\dots\dots \quad 631.800 \text{ »}$$

75 génisses de 300 kgs :

$$300 \times 75 \times 27 \times 210 \, \frac{210}{365} \dots\dots\dots \quad 349.520 \text{ »}$$

$$\overline{ 1.124.320 \text{ kgs}}$$

Pour les vaches, nous n'avons compté, comme perte de fumier à la prairie, que le quart de la production moyenne de chaque bête, car nous estimons que, au moment où on leur distribue les fanes de betteraves, elles compensent en partie les déjections laissées sur la pâture.

La quantité de fumier totale produite étant de 1.124.320 kgs, cela permet de répandre, par hectare de plantes sarclées, étant donné qu'on ne fume tous les ans que les 30 hectares de plantes sarclées :

$$\frac{1.124.320}{30} = 37.477 \text{ kgs}$$

par hectare, soit environ 37 tonnes, ce qui constitue une bonne fumure.

Or, la teneur moyenne d'un fumier bien fait est de :

$$Az. \dots\dots\dots\dots\dots\dots\dots\dots \quad 5 \enspace 0/00$$
$$P^2O^5 \dots\dots\dots\dots\dots\dots\dots \quad 2,5 \, 0/00$$
$$K^2O \dots\dots\dots\dots\dots\dots\dots\dots \quad 6 \enspace 0/00$$
$$CaO \dots\dots\dots\dots\dots\dots\dots\dots \quad 4 \enspace 0/00$$

Connaissant la composition du fumier et la quantité produite, il nous est facile d'évaluer les apports en éléments fertilisants faits par cet engrais :

$$Az. \quad .. \quad 1.124,320 \times 5 \quad = 5.621 \text{ kgs } 600$$
$$P^2O^5 \quad . \quad 1.124,320 \times 2,5 = 2.810 \text{ kgs } 800$$
$$K^2O \quad .. \quad 1.124.320 \times 6 \quad = 6.745 \text{ kgs } 920$$
$$CaO \quad . \quad 1.124.320 \times 4 \quad = 4.497 \text{ kgs } 280$$

Luzerne

Comme nous l'avons vu précédemment, au chapitre des cultures, nous enfouirons tous les ans le tiers de la luzerne, soit environ 8 hectares. Cette légumineuse, en se décomposant dans le sol, lui restituera tous les éléments qu'elle lui avait enlevés. La teneur moyenne de la luzerne en éléments fertilisants est la suivante :

$$Az. \dots\dots\dots\dots\dots\dots 7,2 \text{ 0/00}$$
$$P^2O^5 \dots\dots\dots\dots\dots\dots 1,6 \text{ 0/00}$$
$$K^2O \dots\dots\dots\dots\dots\dots 4,5 \text{ 0/00}$$
$$CaO \dots\dots\dots\dots\dots\dots 8,5 \text{ 0/00}$$

Or, on enfouit chaque année : $2.000 \times 8 =$ 16.000 kgs de luzerne, soit, en éléments fertilisants :

$$Az \dots\dots\dots \quad 16 \times 7,2 = 115 \text{ kgs } 2$$
$$P^2O^5 \dots\dots\dots \quad 16 \times 1,6 = 25 \text{ kgs } 6$$
$$K^2O \dots\dots\dots \quad 16 \times 4,5 = 72 \text{ kgs}$$
$$CaO \dots\dots\dots \quad 16 \times 8,5 = 136 \text{ kgs}$$

Trèfle

Le trèfle ne reste pas trois ans en terre comme la luzerne, mais est renfoui tous les ans. Il apporte au sol (7 ha. = 2.000 kgs) :

$$
\begin{aligned}
\text{Az.} &\quad 14 \times 6 \;\;= 84 \text{ kgs} \\
P^2O^5 &\quad 14 \times 1,7 = 23 \text{ kgs } 8 \\
K^2O &\quad 14 \times 5,1 = 71 \text{ kgs } 4 \\
CaO &\quad 14 \times 3,2 = 54 \text{ kgs } 6
\end{aligned}
$$

Nous devons compter en plus des éléments restitués par sidération, ceux que laissent normalement luzerne et trèfle dans le sol, c'est-à-dire les racines.

Pour la luzerne, nous avons, pour 8 hectares :

$$
\begin{aligned}
\text{Az.} &\quad 153 \times 8 = 1.224 \text{ kgs} \\
P^2O^5 &\quad \;\;33 \times 8 = \;\;264 \text{ kgs} \\
K^2O &\quad \;\;52 \times 8 = \;\;416 \text{ kgs} \\
CaO &\quad 151 \times 8 = 1.208 \text{ kgs}
\end{aligned}
$$

Pour 7 hectares de trèfle, nous avons :

$$
\begin{aligned}
\text{Az.} &\quad 123 \times 7 = 861 \text{ kgs} \\
P^2O^5 &\quad \;\;18 \times 7 = 126 \text{ kgs} \\
K^2O &\quad \;\;23 \times 7 = 161 \text{ kgs} \\
CaO &\quad \;\;66 \times 7 = 462 \text{ kgs}
\end{aligned}
$$

Restitution de l'azote

Sur les betteraves :
800 kgs d'engrais d'Auby n° 1 sur 20 ha.
(9 % d'azote) .... 2.160 kgs

Sur le blé :
200 kgs de cyanamide sur blé (Az. 20 %)
sur 35 ha. .... 1.400 »

Sur l'avoine :
500 kgs d'engrais d'Auby n° 3 sur 30 ha.
d'avoine (3 % d'azote)............... 450 »

Sur le lin :
500 kgs d'engrais d'Auby n° 1 sur 5 ha.
(9 % d'azote) .... 225 »

	4.235 kgs
Apport par le fumier............	5.622 »
Apport par la luzerne : 115 + 1.224	1.339 »
Apport par le trèfle : 84 + 861....	945 »
Apport total..............	12.141 kgs

Procurant un excédent de 12.141 — 9,221 = 2.920 kgs

Restitution de P^2O^5

Par le fumier...................	2.811 kgs	
Par la luzerne : 26 + 264........	290	»
Par le trèfle : 24 + 126..........	150	»

Par les engrais chimiques du com-
merce :
800 kgs d'engrais d'Auby n° 1 (6 % P^2O^5)
sur 30 ha. de betteraves............. 1.440 »
500 kgs d'engrais d'Auby n° 3 (5 % P^2O^5)
sur 30 ha. d'avoine.................. 750 »
500 kgs d'engrais d'Auby n° 1 (6 % P^2O^5)
sur 5 ha. de lin..................... 150 »

Apport total................... 5.591 kgs

Procurant un excédent de : 5.591 — 3.526 = 2.065 kgs

Restitution de K²O

Par le fumier.....................	6.746	kgs
Par la luzerne : 72 + 416..........	488	»
Par le trèfle : 71 + 161............	232	»
Par les engrais chimiques du commerce :		
800 kgs d'engrais d'Auby n° 1 (5 % de K²O) sur 30 ha. de betteraves...............	1.200	»
500 kgs d'engrais d'Auby n° 3 (8 % de K²O) sur 30 ha. d'avoine....................	1.200	»
500 kgs d'engrais d'Auby n° 1 (5 % de K²O) sur 5 ha. de lin......................	125	»
Apport total..............	9.991	kgs

Procurant un excédent de : 9.991 — 8.821 = 1.170 kgs

Restitution de CaO

Par le fumier.....................	4.497	kgs
Par la luzerne : 136 + 1.208......	1.344	»
Par le trèfle : 55 + 462...........	517	»
Par les engrais chimiques du commerce :		
200 kgs de cyanamide (60 % CaO) sur 35 ha. de blé.....................	4.200	»
Apport total..............	10.558	kgs

Procurant un exédent de 10.558 — 5.587 = 4.971 kgs

Comme on le voit, tous les éléments sont restitués assez largement et l'excès fourni chaque année contribue à améliorer les terres de la ferme. Quand, durant un certain temps, nous aurons ainsi enfoui dans le sol une certaine quantité d'éléments fertilisants, la terre sera suffisamment riche et supportera de fournir quelques récoltes sans que nous lui restituions les matières qu'elle aura dépensées pour former ces récoltes. Nous nous apercevrons de cela en faisant, de temps en temps, des expériences sur un petit coin de terre auquel nous ne fournirons pas l'un des éléments. Si le rendement obtenu sur cette parcelle est équivalent à celui du champ proprement dit, il nous sera inutile pendant quelques années d'apporter ces éléments dans le sol. Il serait même défectueux d'en apporter, car une partie risquerait d'être entraînée par les eaux de drainage.

Cependant, un élément nous semble restitué en trop petite quantité, c'est la chaux. En effet, d'après l'Agenda Wery, on estime à 600 à 700 kgs la quantité de CaO enlevée par les récoltes et par les eaux de pluie, au sol. L'excès de chaux ne sera donc pas trop considérable pour réparer ces pertes.

La chaux doit se trouver en quantité suffisante dans le sol, où elle facilite en particulier la nitrification, la décomposition des sels potassiques et autres engrais minéraux.

RESTITUTION AUX PRAIRIES

Nous avons pu voir, par les chiffres du tableau, les prélèvements d'éléments fertilisants que nos prairies font au sol :

Az.	1.960 kgs
P^2O^5	490 »
K^2O	490 »
CaO	875 »

Nous restituerons ces éléments par les déjections des animaux en pâture, par des apports de purin, par 800 kgs de phospho-calcaire Bernard, dosant 16 à 18 % de P^2O^5 et 50 % de CaO ou par 800 kgs de scories de déphosphoration dosant 14 à 16 % de P^2O^5 et 50 % de CaO.

Déjections laissées dans les herbages

Nous n'en tiendrons pas compte ici, car la quantité d'éléments fertilisants apportés par là compensera les pertes causées par les eaux d'infiltration. De même, nous ne compterons pas l'enrichissement du sol en Az. par les légumineuses qui se trouvent dans nos prairies.

Par le purin

Le bétail de la ferme produit environ, pendant son séjour à l'étable, une quantité de purin estimée à :

10 chevaux : 4 kgs $\times$ 10 $\times$ 280 jours....   11.200 kgs

52 vaches : 11 kgs $\times$ 50 $\times$ $\dfrac{365 \times 3}{4}$ .... 150.287 »

75 génisses : 7 kgs $\times$ 75 $\times$ 210 jours.... 110.250 »

____

271.737 kgs

Mais tout le purin n'est pas récupéré, car la fosse à purin est un peu petite pour la production, et nous ne compterons, comme épandus, que 200.000 kgs de purin.

Or, la composition moyenne d'un purin est la suivante :

$$Az. \dots \dots \dots \dots \quad 1{,}5 \; 0/00$$
$$P^2O^5 \dots \dots \dots \dots \quad 0{,}1 \; 0/00$$
$$K^2O \dots \dots \dots \dots \quad 4{,}09 \, 0/00$$
$$CaO \dots \dots \dots \dots \quad 0{,}5 \; 0/00$$

ce qui nous permet de faire un apport de :

$$1{,}5 \; \times 200 = 300 \; \text{kgs d'azote.}$$
$$0{,}1 \; \times 200 = 20 \; \text{kgs d'acide phosphorique.}$$
$$4{,}09 \times 200 = 818 \; \text{kgs de potasse.}$$
$$0{,}5 \; \times 200 = 100 \; \text{kgs de chaux.}$$

Par les engrais chimiques, nous restituons (scories ou phosphocalcaire) :

$$P^2O^5 \dots \dots \quad 80 \times 16 = 1.280 \; \text{kgs}$$
$$CaO \dots \dots \quad 80 \times 50 = 4.000 \; \text{»}$$

ce qui nous fait un total d'éléments apportés au sol de :

$$Az. \dots \dots \dots \quad 300 \; \text{kgs}$$
$$P^2O^5 : 20 + 1.280 \dots \dots \quad 1.300 \; \text{»}$$
$$K^2O \dots \dots \dots \quad 818 \; \text{»}$$
$$CaO : 100 + 4.000 \dots \dots \quad 4.100 \; \text{»}$$

Différence entre l'exportation et l'importation :

$$\text{Déficit de Az} \dots \dots \quad 1.960 - 300 = 1.660 \; \text{kgs}$$
$$\text{Excès de } P^2O^5 \dots \dots \quad 1.300 - 490 = 810 \; \text{»}$$
$$\text{»} \quad K^2O \dots \dots \quad 818 - 490 = 328 \; \text{»}$$
$$\text{»} \quad CaO \dots \dots \quad 4.100 - 875 = 3.225 \; \text{»}$$

Comme on le voit, ces éléments sont très largement restitués, à part l'azote, qui manque en assez grande proportion. Il est vrai que nous avons compté, parmi les prairies, celles du fond de la vallée qui ne sont pas susceptibles d'aménagement et auxquelles, par conséquent, on n'apporte jamais de purin. Cependant, il nous semble qu'un peu d'engrais azoté serait excellent pour le reste des pâtures. On pourrait agrandir la fosse à purin afin de récupérer toutes les urines.

En dehors de cet élément, il nous semble qu'il y a excès d'apports d'éléments fertilisants chaque année ; il risque d'y avoir des pertes par entraînement dans le sous-sol d'une partie de ces éléments par les eaux de drainage.

Il est cependant bon que nos prairies soient largement pourvues de CaO, car nous favorisons ainsi la formation du squelette des animaux.

CONCLUSION

Si nous nous sommes permis de présenter quelques remarques personnelles au cours de ce travail, c'est en comptant sur l'amabilité de M. Galmel, qui voudra bien n'y trouver qu'une modeste appréciation d'un futur agriculteur, encore trop théoricien, peut-être.

Dans le cours de cette étude, nous nous sommes efforcés de montrer que l'organisation des diverses spéculations est pratiquée d'une façon parfaite et c'est pourquoi nous avons demandé à M. Galmel l'autorisation d'étudier en détail quelques points particulièrement intéressants de son exploitation.

Tout d'abord, l'ensilage des pulpes, pratiqué avec la luzerne, serait très avantageusement remplacé par l'emploi du « Lactopulpe ». Ce ferment, tout en étant d'un prix très minime, assure une conservation parfaite de ce résidu industriel qui fournit ainsi une excellente alimentation aux vaches laitières.

Puis nous avons montré que la récolte des fourrages serait parfaite si l'on pouvait introduire la coutume de faire des cabotins dans cette exploitation.

Nous avons examiné l'économie qui pourrait être réalisée en traitant le lin par SO^4H^2, plutôt que par la nitrocuprine. Cette dernière est actuellement d'un prix trop onéreux et donne des résultats moins satisfaisants que le SO'H², tout en employant une main-d'œuvre identique.

Quant à la restitution, nous l'avons trouvée excellente pour les cultures. Seules les prairies manquent un peu d'azote. Cette compensation pourrait être très facilement donnée au sol en agrandissant la fosse à purin. Le rendement des prairies en serait certainement augmenté et l'herbe fournie serait plus fine et plus abondante.

Avant d'achever ce travail, nous exprimons notre profonde reconnaissance et nos plus sincères remerciements à tous ceux qui nous ont aidé à le mener à bien.

Cette reconnaissance, nous l'exprimerons à toutes les personnes qui, par leur bon accueil et leurs justes conseils, ont facilité notre documentation. Nous remercions tout particulièrement M. Charles Galmel, fermier de l'exploitation de Boutencourt, qui nous a permis d'étudier en détail l'organisation et l'exploitation d'une ferme mixte dans le pays de Thelle.

C'est grâce à la documentation complète et précise que nous avons puisée dans cette ferme que nous avons pu mener à bien ce travail, avec l'espoir qu'il sera favorablement accueilli par MM. les Délégués de la Société des Agriculteurs de France.

TABLE DES MATIERES

Imprimerie Départementale de l'Oise, 26, Rue de Malherbe, Beauvais